LOCUS

LOCUS

LOCUS

LOCUS

from
vision

from 70 大設計
The Grand Design
作者：Stephen Hawking & Leonard Mlodinow
譯者：郭兆林‧周念縈
特約編輯：陳俊斌
責任編輯：湯皓全
校對：呂佳眞
美術編輯：蔡怡欣
法律顧問：董安丹律師、顧慕堯律師
出版者：大塊文化出版股份有限公司
台北市105南京東路四段25號11樓
www.locuspublishing.com
讀者服務專線：0800-006689
TEL：(02) 87123898　FAX：(02) 87123897
郵撥帳號：18955675　　戶名：大塊文化出版股份有限公司
版權所有　翻印必究

總經銷：大和書報圖書股份有限公司
地址：新北市新莊區五工五路2號
TEL：(02) 89902588 (代表號)　　FAX：(02) 22901658
排版：天翼電腦排版印刷有限公司
製版：瑞豐實業股份有限公司
初版一刷：2011年3月
初版十四刷：2018年3月

定價：新台幣 350元
Printed in Taiwan

大設計

THE GRAND DESIGN

《時間簡史》《胡桃裡的宇宙》作者

史蒂芬‧霍金
Stephen Hawking

Leonard Mlodinow 著　郭兆林‧周念繁 譯

目次

中文版代序
從金魚缸中拼湊宇宙的面貌

　　人類與生俱來的個性之一，就是「好奇」，好奇於自身之所從出，也好奇於周遭環境何以如此，自然如何運作；所以從古到今，人類以有涯隨無涯的工作之一，就是不斷地對周遭的環境和現象提出解釋，柏拉圖和亞里士多德如此，哥白尼和伽利略也是如此。

　　思考問題，然後提出合理解釋，這是科學的基本過程，但在許多時候，所謂的「合理」解釋，都是基於我們生活中的「直覺」，這也是為什麼從托勒密符合生活直觀的「地心說」開始，太陽就不得不繞著地球轉了一千四百年，到哥白尼的晚年

才將兩者的位置換了過來。時至今日，到底還有多少「地心說」在我們的科學認知中流竄？我們真的不知道。

　　伽利略的夜空觀測和親身實驗，推動了天文學和運動學的大幅前進；克卜勒的數學計算和數據耙梳，給出了天體運動的幾何圖像背後的物理原理；牛頓則踩在這些人的肩膀上，推開了理性時代的大門。然而科學觀測和物理實驗，就是接觸「真實世界」的正確通路嗎？不，科學的工作並不會將我們引導到真理腳下，科學家只是在研究現象，找出看來合理的解釋，真理，是屬於哲學家的！

　　二十世紀量子力學和相對論的出現，徹底顛覆了「生活直覺」導向「真實世界」的邏輯思考，也讓許多人倍感挫折。所以才出現了以下的笑話：宇宙初起是一片混亂，上帝看不過去了，就說：「讓牛頓出生吧！」，於是世界就在牛頓定律的規範下井然有序地運行。魔鬼看不過去了，就說：「讓愛因斯坦出生吧！」，於是世界又恢復了混亂。

　　史蒂芬‧霍金在他的新作《大設計》一書中，步武前賢，努力地將「科學結果」和「真實世界」做一區隔。在書的

前半部中，霍金描述科學工作者如何歷盡艱辛，將社會上「天地人我受眾神支配」的古早觀念，逐漸轉變為「宇宙是受自然法則所支配」的現代想法，讓人們樂觀地認為可以經由科學探索的過程，逐步揭開真實世界的面紗。然而現代科學的測量方式，的確可以告訴我們真實世界的長寬高嗎？霍金在此做了一個有趣的比喻，魚缸中的金魚，透過扭曲的玻璃，經過長期認真的觀察記錄，可以準確地描述甚至預測魚缸之外的物體運動，但金魚們的科學觀測，就是真實世界的圖像嗎？想想早年的四元素理論、托勒密模型、燃素理論，到穩態宇宙，我們好像和魚缸中的金魚也差不到哪兒去。

　　每當我徜徉在夜空之下，仰首繁星蒼穹，當身旁的人為了宇宙的廣漠無垠感動落淚，我卻常常想著一顆恆星單位時間之內所釋放的光子數目是否恆定？這無趣的想法其實就源自於「科學測量」是否就是「真實」？實際上恆星每秒鐘所釋出光子數的「真值」（true value），我們永遠無法得知，我們所能掌握的，是望遠鏡每次觀測以後所告訴我們的「測量值」（measured value），再加上「誤差」。當然，我們讓自己相信，經過

多次測量，取平均之後的測量值「應該」很接近真值，這就是
霍金書中所說的「模型相關真實論」。所以我們對這個世界的
描述，其實是來自感官的偵測再加上大腦的詮釋，所出現的心
智圖像；霍金說：「這些心智圖像成為我們唯一知道的真實，
如果沒有『模型』，便無法檢驗『真實』，一定是先建構模型，
才會創造出真實。」天哪！「真實」是我們的大腦創造出來
的？

在這本書的後半部中，霍金討論了光和粒子的二重性，這
是另一個「世俗」的我們在初接觸時很難接受的概念，老是會
想著世界不應如此複雜，應該均勻、和諧、對稱，而完美，這
些自希臘科學家以降的心靈信條，在量子力學和相對論的撞擊
下早已逐漸崩解，不單如此，霍金說：「量子物理告訴我們，
不論對現在的觀察如何徹底，過去就像未來一樣不確定，只以
眾多的可能性存在。根據量子物理，宇宙沒有單一的過去或歷
史。」這段文字，對眾多讀者來說，製造的問題比解決的問題
還要多。

霍金的這本書，結結實實地讓讀者接觸到了「科學哲學」

的本質，讀者可以順著霍金清晰的思路，和偶而幽默風趣的語調，認識科學家如何探索世界，以及這個世界如何回報。想通過科學實驗，接觸宇宙真理的讀者，看完本書之後，大概會掩卷三嘆。真要想瞭解這個世界的本質，恐怕是要「跳出三界外，不在五行中」了。

孫維新

國立自然科學博物館館長 / 台大物理系與天文物理研究所教授

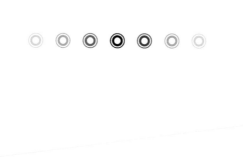

1.

○ ○ ○ ○ ◉ ○ ○ ○

THE MYSTERY OF BEING 存在之奧祕

人生如蜉蝣，在轉瞬即逝的時間內只能探索浩瀚宇宙的一小部分。然而人類是個好奇的物種，會思索，會尋求答案。生活在這個善惡輪番上演的大千世界裡，當人們凝視無垠的穹蒼時，總會湧現種種問題：如何才能了解自己所存在的世界？宇宙如何運作？真實的本質是什麼？萬物從何而來？宇宙需要造物主嗎？當然，大多數人不會時時刻刻都在思索這類問題，但是或多或少都曾經想過。

傳統上這些是屬於哲學範疇的問題，然而現今哲學已死，因為它未能跟上現代科學（尤其是物理學）進展的腳步。科學家繼起，成為人類探索知識的開路先鋒。本書旨在根據最新發現和理論發展來提出答案，使我們的宇宙觀和人類的地位呈現嶄新的圖像，甚至有別於近如一、二十年前的看法。不過，新觀念的浮現最早可追溯至將近一百年前。

傳統的宇宙觀認為物體會循著明確的路徑前進並具有明確的歷史，隨時都可指出物體的精確位置。雖然這種主張可以滿足日常生活所需，但 1920 年代時卻發現這幅「古典」圖像無法解釋在原子與次原子尺度上觀察到的各種怪異現象，而必須

改採不同的架構，也就是量子理論。結果，量子理論不但能在微小的尺度上精準預測事件，當運用在日常生活的鉅觀世界中，也能複製古典理論的預測。然而，量子理論和古典物理所依據的物理真實可謂大異其趣。

　　量子理論有許多種表述方法，但其中最直覺式的描述或許要數費曼（Richard Feynman）的說法。這位多采多姿的物理學家曾任教於加州理工學院，並在學校附近一家夜總會演奏森巴鼓。他主張，一個系統不只擁有一種歷史，而是具有每一種可能的歷史。在本書尋求答案的過程中，會詳細解釋費曼的方法，並進一步探索「宇宙沒有單一歷史、甚至不具獨立存在」的說法。這項主張就算是在物理學家眼中，依然顯得十分激進。的確，這項主張就像今日許多科學觀念一樣，似乎都與常識相違。然而，所謂的「常識」是以日常生活經驗為基礎，而非以現代精益求精的科技，例如原子探測技術或對早期宇宙的偵測等，所揭露的宇宙真貌為依據。

　　在近代物理揭開序幕之前，一般咸認世界上所有的知識都可靠直接觀察而獲得，萬事萬物皆可由感官知覺而窺其真貌。

然而近代物理的空前突破，是建立在像費曼所提那樣與日常生活經驗相衝突的觀念之上，這顯示過去的取徑已非全然正確。對真實的直觀與近代物理無法相容。面對這種弔詭，我們將採用「模型相關真實論」（model-dependent realism）的觀點。模型相關真實論的基本概念是人類大腦打造了這個世界的模型，據以詮釋感官輸入；當某個模型能夠成功解釋事件時，我們便會對此模型及其構成元素與概念賦與真實特質或視之為絕對真實。但面對相同的自然狀況，可能有不同的模型存在，且分別具有不同的基本元素和概念。如果有兩項物理理論或模型都能夠正確預測相同的事件，我們不能說哪個比較真實，而是我們可以隨意採用最便利的模型。

在科學史上，從柏拉圖到牛頓的古典理論，再到近代的量子理論，出現過一連串愈來愈好的理論或模型。我們自然會問：這一連串的發現最後會走到盡頭，獲得一項終極的宇宙理論，能包含所有的作用力並且預測每項觀察的結果嗎？或者，我們會一直發現更好的理論，卻永遠找不到一項完滿的理論呢？這個問題尚無定論，但如果真的有終極理論存在，那 M

理論可以做爲候選理論。M 理論是唯一具備終極理論各項特性的模型，也是本書之後討論的重點。

　　M 理論不是一般所認知的理論，它是由許多不同理論構成的一個大家族，其中每一項理論只能夠對某個範圍觀察到的物理現象做良好的描述。這有點像繪製地圖。大家都知道完整的地球表面無法利用單一地圖來呈現，一般世界地圖所採用的麥卡托投影法（Mercator projection），會讓愈接近最南和最北的地方愈形放大，而且無法涵蓋南極與北極。要忠實繪製出整個地表，必須動用許多分別涵蓋不同範圍的地圖。地圖會彼此重疊，而重疊之處顯示出相同的地貌。M 理論的情況與此相似。M 理論家族中不同的理論或許看似差異極大，但都可視爲同一基本理論的不同面向；它們是基本理論的不同版本，各只適用於有限的範圍，例如適用於當某些量（如能量）相當微小的時候。如同以麥卡托投影法繪製的地圖彼此交疊，當不同的理論版本涵蓋範圍重疊時，也可預測相同的物理現象。不過，正如同一幅平面地圖無法完整代表地球表面一般，也沒有單一理論可以完整代表對所有物理現象的觀察。

　　本書將探討爲什麼 M 理論可能針對「宇宙創造」的問題提出答案。根據 M 理論，我們的宇宙不是唯一的宇宙。相反地，M 理論預測爲數龐大的宇宙從無到有創造出現，並不需要某些超自然神靈介入；眾多的宇宙乃依物理法則自然生成，它們是在科學預測的範疇裡。每個宇宙都有許多可能的歷史，並演變成許多可能的狀態，例如距離宇宙創造已十分久遠的此時此刻。其中大多數狀態和如今觀察到的宇宙大異其趣，無法容許任何生命形態存在，只有極少部分能讓我們這樣的生物生存。雖然宇宙浩瀚無窮，人類顯得如此微不足道，但是在眾多的宇宙中，是我們的存在選擇了能相容於我們的宇宙，在這層意義上，人類又等同於造物主。

　　欲了解宇宙最深處的奧祕，不僅需要知道宇宙**如何**運作，更要探究**爲什麼**：

　　爲什麼世上有東西而非空無一物？

　　我們爲什麼存在？

　　爲什麼宰制宇宙的是這套特定的法則而非其他法則？

這是對生命、宇宙和天地萬物的終極大問，我們將試圖在本書中回答。但是與《銀河便車指南》（*The Hitchhiker's Guide to the Galaxy*）不同，我們的答案不會是電影或小說中簡單的神祕數字「四十二」。

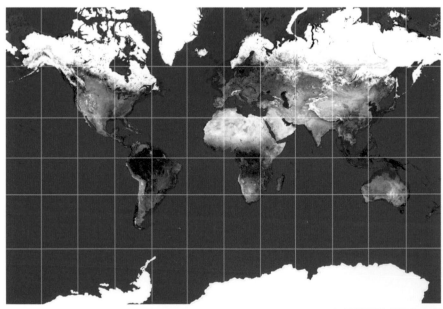

世界地圖　要描述宇宙可能需要一系列相互重疊的理論才夠完備，正如同需要許多彼此交疊的地圖，才足以完整描繪出地球表面。

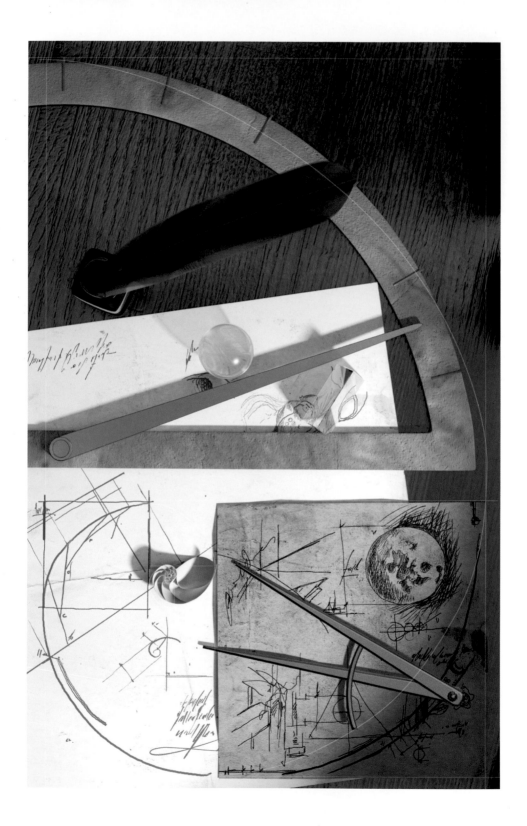

2.

THE RULE OF
LAW　法則的支配

斯庫爾之狼逐月

至悲之木；

哈提之狼

銳德維納之親，

逐日不歇。

──〈格林尼爾之言〉（Grimnismal），《詩體埃達》（*The Elder Edda*）

在維京人的神話故事中，有兩頭名爲斯庫爾（Skoll）和哈提（Hati）的狼追逐著太陽與月亮。當牠們攫住太陽或月亮時，就會出現日食或月食，地面上的人類這時便會盡力製造噪音，希望能嚇跑狼兒來拯救日月。其他文化中也有類似的神話故事，不過後來大家一定注意到，不管是否大聲敲打器物或直接逃命，太陽和月亮很快會重現。後來人們一定也注意到，日食或月食並非隨意發生，而是以規律的模式重複出現。其中以月食的模式最爲明顯，讓古代的巴比倫人得以相當精準地預測，儘管他們並不明白月食是因爲地球遮住太陽光線所致。日食則比較難預測，因爲在地球上只有約三十哩寬的狹長地帶才看得到。不過一旦有所了解，便會明白這些模式代表日食或月食並不是由超自然的存在恣意宰制，而是受到一定的

日食與月食　古人並不知道日食或月食的成因，但已經注意到其中有模式存在。

法則支配。

　　儘管早期文明能夠成功預測某些天體運動，但是對人類祖先來說，自然界大多數事件都難以預測，像是火山爆發、地震、風災、瘟疫，甚至腳趾甲內生，好像都沒有明顯的原因或模式。古代將天災歸因於神祇發怒或惡作劇是很自然的事情，災難常被視為人類觸怒天神的徵象。例如大約在西元前 5600 年，現今美國奧勒岡州的馬茲瑪（Mazama）火山爆發了，天空落下石泥灰燼長達數年之久，也造成經年下雨，最後將火山

口注滿了水，成了今日的「火口湖」。

　　奧勒岡州克拉瑪斯族（Klamath）印第安人有一則傳說，與馬茲瑪火山爆發的每項地質細節都相當吻合，但是添加了一點戲劇性，將這場浩劫歸咎於人類。也許是罪惡感作祟，人類總是可以找到方法怪罪自己。傳說是這樣的：地府之神拉歐（Llao）愛上克拉瑪斯酋長美麗的女兒，然而她對拉歐嗤之以鼻，由愛生恨的拉歐於是想用大火毀滅克拉瑪斯。所幸，上天之神斯開爾（Skell）同情人類而與拉歐激戰，最終拉歐負傷逃回馬茲瑪山裡頭，在山頂留下一個大洞，最後洞口被水填滿。

　　由於古代人對自然法則無所知悉，於是創造出全盤主宰人類生活的神祇。我們有愛神和戰神，有天地日月之神，有海神河神，有雨神雷神，連地震和火山也有神明。神明高興時，便賜與人類風調雨順與天下太平，免於天災疾厄肆虐。當神明不悅則降下災難，帶來乾旱、戰爭和瘟疫等傳染病。由於人類不明白自然因果之道，神祇便顯得天威難測，只得任其擺布。但是大約在二千六百年以前，自泰利斯（Thales of Miletus，約 624 BC–546 BC）起情況開始改觀，出現了「大自然運行遵循

固定法則且能理解」的想法，也展開一段漫長的歷程，以宇宙是受自然法則支配的概念來取代天地人我受眾神統御的觀念，並且認爲宇宙據以創造的基本藍圖終將爲人類所明白。

　　從人類歷史發展的時間長短來看，對科學的探尋算是相當新近的事情。人類，也就是智人，在西元前 200,000 年源起於撒哈拉沙漠以南的非洲；文字則僅能追溯到西元前 7000 年左右，是農業社會的產物（有些最古老的刻文是記載每人每日啤酒配額）。在偉大的古希臘文明中，最早的文字紀錄出現於西元前 9 世紀，但是古希臘文明顛峰的「古典時期」是始於西元前 6 世紀末。根據亞里斯多德（Aristotle, 384 BC–322BC）所言，泰利斯約在那時首先提出「世界能被了解」的想法，主張生活中複雜之事物可以化約成簡單的原則，不用訴諸神話或宗教說法來解釋。

　　一般公認，人類首度預測到日食是泰利斯在西元前 585 年所爲，雖然他的精準預測大概是僥倖猜中而已。因爲泰利斯未留下自己的著作，所以世人對他所知不多，只知道他家是愛奧尼亞地區知識份子喜歡聚集的地點。愛奧尼亞當時是希臘屬

地，影響力東及土耳其、西達義大利。愛奧尼亞人極愛發掘自然現象背後的基本法則，這種科學特色是人類思想史上一座重大的里程碑。他們的取徑相當理性，許多結論與今日以更複雜的方法所得的結果相似度驚人。愛奧尼亞代表一個重大的濫觴，只是其科學成就大都已被遺忘在時間的洪流中，只能等待日後再度被發現或發明，有時候還不只一次。

根據傳說，以今日的標準稱得上自然法則的第一道數學公式，是由愛奧尼亞人畢達哥拉斯（Pythagoras，約 580 BC–490 BC）提出，這道畢氏定理如下：直角三角形的斜邊（最長邊）平方與另兩邊的平方和相等。有人說畢達哥拉斯也發現樂器弦長與音調之間的數學關係，用現在的話來說，兩者的關係可描述成在一定張力下弦振動的頻率（每秒振動次數）與弦長呈反比，這可解釋爲何低音吉他的弦長一定會比一般吉他來得長。畢達哥拉斯可能並未眞的發現這點（他也未曾發現畢氏定理），但有證據顯示，早在他的時代人們就已知道弦長與音調有關係。若眞如此，我們可將這道簡單的數學公式當做是「理論物理」的首例。

愛奧尼亞   古愛奧尼亞的學者首先透過自然法則來解釋自然現象,而非訴諸神話或宗教說法。

　　除了上述弦長法則之外,古人正確提出的物理定律,只有古代最了不起的物理學家阿基米德(Archimedes,約 287 BC–212 BC)所闡述的三項原理。首先是槓桿原理,可解釋為何小小的施力能舉起重物,因為槓桿會使作用力依施力點與重物相距支點的距離之比例放大。浮力原理指在液體中的物體會受到一個向上的作用力,作用力的大小與物體所排除液體的重量相等。反射原理指光線入射鏡面的角度與光線從鏡面反射而出的角度相等。但是阿基米德並未稱這些為「定律」或「法則」,

也未用觀察或測量加以解釋。相反地他把這些當成純粹的數學
定理，屬於不證自明的系統，就如歐幾里德的幾何學是不證自
明的公理一般。

　　隨著愛奧尼亞影響力的傳布，也開始有人認爲宇宙具有內
在秩序，可透過觀察而理解。安那西曼德（Anaximander，約
610 BC–546 BC）是泰利斯的朋友（可能也是學生），他認爲初
生嬰兒無力照顧自己，若地球上出現的第一個人類也是嬰兒，
恐怕無法存活。於是，他理解到人類必定是從其他幼年時期更
強健的動物演化而來，這或許是首度將人類與演化連結吧！在
西西里，恩培多克勒（Empedocles，約 490 BC–430 BC）觀察
滴漏的使用（有時做爲漏杓），這種圓壺的開口處有一根細
頸，底部有許多小洞。當滴漏浸在水裡時會裝滿水，如果先閉
起開口再舉起滴漏，則裡面的水不會從底部漏出來。恩培多克
勒注意到，如果先將開口封閉，滴漏浸到水裡時會裝不滿。他
認爲一定是有看不見的東西阻止水從小洞進入壺裡，他所發現
的物質不是別的，就是空氣。

　　約在同時，希臘北部愛奧尼亞屬地的德謨克利特（Democritus，約 460 BC–370 BC）思考著切割物體的問題。他認為應該不可能無限制地切割下去，主張包括生物在內的天地萬物都是由無法分割的基本粒子所構成，並稱這些終極粒子為「原子」；這個詞彙是從希臘文的形容詞「不可分割」而來。德謨克利特相信，各種物質現象都是原子碰撞的產物，稱為「原子說」。他主張在空間中運動的原子若是未受干擾，將會持續前進，即為今日的「慣性定律」。

另外，愛奧尼亞晚期的科學家愛里斯塔克斯（Aristarchus，約 310 BC–230 BC）率先提出一項革命性想法，指出人類在宇宙中很平凡，並非位居宇宙中心。他只遺留一項計算，是仔細觀察月食期間地球投在月球上的陰影大小之後，所做的一項複雜幾何學分析，得出太陽必定比地球大上許多的結論。也許他受到微小物體應該環繞巨大物體的想法所啟發，成為主張地球並非行星系統中心，而是與其他行星共同環繞太陽運行的第一人。一旦理解到地球不過是一顆平凡的行星，就很容易推演出太陽也不特別的想法。愛里斯塔克斯也猜到這點，他認為夜裡閃爍的星星其實只是極為遙遠的太陽而已。

　　愛奧尼亞文化不過是古希臘哲學眾多學派中的一支，而每個學派素有不同傳統，彼此牴觸乃是司空見慣。可惜的是，愛奧尼亞人認為大自然有法則可加以解釋並可化約成一套原理的自然觀，其影響力只存續了短短幾個世紀。其中有一個理由是，愛奧尼亞人的理論常常與自由意志或神祇介入世界運作的觀念互不相容。這種驚人的「不足」之處，不僅讓許多希臘思想家深覺不妥，甚至直到今天仍然令不少人無法接受。例如，哲學家伊比鳩魯（Epicurus，約 341 BC–270 BC）就反對原子說，他的觀點是「遵循神話傳說，勝於淪為自然哲學家命運說之『奴隸』」。亞里斯多德也排斥原子的概念，因為他無法接受人類是由沒有靈魂與生命的物體所組成的說法。雖然愛奧尼亞人提出宇宙不是以人類為中心的想法，對於了解宇宙是一座重大的里程碑，但是直到近二千年後伽利略出現為止，這個想法被人揚棄，更無法獲得普遍的認同。

　　雖然古希臘人對於自然界的某些推測頗有洞見，但是大部分觀念都無法通過現代檢驗而成為有效的科學。原因之一是希臘人未發明科學方法，發展理論並不具實驗驗證的目標。因此

若有一人主張原子呈直線前進，直到與第二個原子碰撞爲止，而另一學者宣稱原子呈直線前進，直到撞上獨眼怪爲止，這兩種主張並沒有客觀的方法可以判斷對錯。原因之二是當時在人世法則和物理法則之間並無清楚分界，例如在西元前 5 世紀時安那西曼德寫道，所有物體從原始物質生成又回復原狀，以免「因其不守規矩而遭處罰。」又根據愛奧尼亞哲學家赫拉克利特（Heraclitus，約 535 BC–475 BC）的說法，太陽必須如此運轉，否則將遭正義女神追究。直到西元前 3 世紀希臘斯多葛學派興起，哲學家才在人世法則與自然法則之間做出區分，但是仍將某些人類行爲規範視爲宇宙通行法則，而納入自然法則的範疇，例如要敬仰神明或孝順父母。同時他們也常用法律用語來描述物理過程，認爲需要遵從奉行，即使受要求服從法則的物體並沒有生命。想想看要求人們遵守交通規則就很困難了，遑論是命令小行星得按照橢圓軌道運行。

　　這項傳統持續影響希臘之後的思想家許多年。在 13 世紀，早期基督教哲學家阿奎那（Thomas Aquinas，約 1225–1274）採用此一觀點，做爲支持上帝存在的論據。他寫道：「顯然，

〔無生命之物〕的行為並非偶然而是有其目的……。因此，必定有一造物主存在，令天地萬物到達其目的地。」甚至晚近至16世紀時，德國偉大的天文學家克卜勒（Johannes Kepler, 1571–1630）也相信行星有感覺意識，遵循其「心智」所理解的運動法則而運轉。

古代人主張必須「有意」遵守自然法則的觀點，反映出他們將重點放在大自然**為何**如此運作，而非**如何**運作上。亞里斯多德是主要提倡者之一，排斥以觀察為主的科學觀念。當然，古時候要進行精確測量和數學運算極為困難，現今運用的十進位遲至約西元700年才由印度人跨出一大步，發明這麼好用的工具。至於加減符號直到15世紀才出現，而等號與準確至秒的時鐘也遲至16世紀才問世。

不過，亞里斯多德並不認為測量和運算上的困難對發展能夠產生量化預測的物理學會造成阻礙，反倒認為那沒有必要。他用自己中意的原則來建立物理學；會排除自己不喜歡的事實，專心研究事物發生的理由，卻極少探究事實真相。當主張明顯與觀察不吻合時，亞里斯多德的確會調整自己的結論，只

不過常常是強作遁詞、掩蓋矛盾而已。這麼一來,無論自己的理論如何嚴重背離事實,他都有辦法改到讓矛盾儼然消失無蹤。例如他提出一項運動理論,指重物會以一定的速度掉落,此速度與物體重量呈正比。為了解釋物體掉落顯然會加速的事實,他提出一項新原則,指物體愈接近「自然休止處」時會愈興奮,因此速度也會加快。然而,這項原則似乎比較適合用在某些人身上,而不是沒有生命的物體。雖然亞里斯多德的理論常常毫無預測價值,其科學研究方法卻主宰了西方思想將近二千年之久。

在古希臘人之後,基督教哲學家拒絕接受宇宙是由冷冰冰的自然法則支配的想法,也排斥人類在宇宙中未享有特殊地位的思想。雖然中古時期沒有一個統整的哲學系統,然而有一種常見的信仰是宇宙乃上帝玩家家酒的地方,宗教研究遠比自然現象具有價值。事實上,1277 年在教宗若望二十一世的訓示下,巴黎田皮耶(Étienne Tempier)主教公告有二百一十九項須嚴加譴責的錯誤邪說。其中有一項異端邪說是主張大自然會遵循法則的說法,因為這與上帝萬能發生衝突。值得留意的

是，幾個月之後由於實驗室屋頂塌陷掉落，使得教宗若望因重力法則而喪失生命。

　　現代的自然法則觀念終於在 17 世紀浮現，克卜勒似乎是第一位用現代科學方式理解自然法則的科學家，雖然之前提過他抱持「萬物有靈」的物理觀。伽利略（Galileo, 1564–1642）在其科學著作中並未使用「法則」一詞（雖然在某些譯本中出現過）。不管是否使用「法則」一詞，他的確發現許多法則，並且提倡觀察是科學之基礎，而科學之目的在於研究不同物理現象之間存在的量化關係等重要原則。但明確、嚴謹地提出自然法則概念的第一人，應當是笛卡兒（René Descartes, 1596–1650）。

　　笛卡兒相信，所有的物理現象都必須用運動物體的碰撞來解釋，可謂是牛頓著名運動定律的先驅。笛卡兒主張，自然法則無論何時何地都成立，而且明確指出遵守這些法則並不意味運動物體具有心智。笛卡兒也了解今日所謂「初始條件」的重要性；初始條件描述一個系統的起始狀態，可預測系統之後的發展。給定一套初始條件後，自然法則會決定系統將如何隨時

間演變發展，但是如果沒有一組特定的初始條件，便無法確定其發展情況。例如，時間零點之時，頭頂正上方有一隻鴿子正在方便，鴿糞掉落的路徑將會由牛頓定律決定。但是零點之際鴿子是靜靜站在電線桿上或是以每小時二十哩的速度飛行，結果將大相逕庭。為了要應用物理法則，一定得知道一個系統開始時的情況，或至少要知道在某個特定時間點的狀態為何。（也可以運用這套法則反推系統先前的狀態。）

有了自然法則存在的新信念之後，也有人開始嘗試讓自然法則與上帝的概念妥協相容。笛卡兒主張，上帝可恣意改變倫理命題和數學定理的真偽，不過祂卻不能改變自然律。他相信，上帝頒布自然法則，但是對於法則沒有其他選擇；祂之所以選擇這些法則，是因為我們所知的法則是唯一可能的法則。這似乎打擊了上帝本身的權威，但笛卡兒繞過這點，主張自然法則之所以無法改變，是因為法則本身乃上帝本質的反映。若這點說法成立，有人可能會覺得上帝仍然有創造出各形各色世界的選擇，每個世界各有一套不同的初始條件，但是笛卡兒對此也予以否定。他主張，無論宇宙伊始是如何安排的，隨著時

間推移會演化出與我們相同的世界。他更覺得一旦上帝啓動世界運轉後，便完全放手不管了。

　　牛頓（Isaac Newton, 1643–1727）也抱持類似的立場。牛頓用三大運動定律和重力法則解釋了地球、月亮和行星的軌道運行與潮汐現象，也讓大家廣爲接受現代的科學法則觀念。他創造的少許方程式與據此衍生的複雜數學架構，至今仍是我們在課堂上學習的內容；而不論是建築師設計大樓、工程師設計汽車，或者物理學家計算如何讓火箭瞄準火星登陸地點，都派得上用場。正如詩人亞歷山大・波普（Alexander Pope）所說：

自然與自然法則隱藏黑夜裡：

上帝說，讓牛頓出生吧！天下大明。

　　今日大多數科學家會認爲，所謂自然法則是以觀察到的規律性爲基礎，並可對未來做出預測的規則。例如，我們一生中都會看到太陽每天從東方升起，於是提出「太陽都是從東方升起」的法則。這種通則化超越人一生有限的觀察，並對未來做

出可驗證的預測。反之,「這間辦公室的電腦都是黑色」的陳述並非自然法則,因為只與這間辦公室裡面的電腦有關,而且沒有做出諸如「如果我的辦公室購買一部新電腦,將會是黑色」的預測。

現代對於「自然法則」一詞的認識,長久以來便是哲學家爭辯的議題,非經細想難得箇中奧妙。例如,哲學家卡羅(John W. Carroll)提出兩則陳述做比較:一為「所有純金球體的直徑小於一哩」,一為「所有鈾 235 球體的直徑小於一哩」。根據對這個世界的觀察,我們知道沒有純金球體的直徑大於一哩,也很肯定以後不會發現。然而,我們沒有理由相信不可能有這種金球的存在,因此這則陳述不能視為一條法則。另一方面,「所有鈾 235 球體的直徑少於一哩」的陳述可視為是自然法則,因為根據對核子物理的認識,一旦鈾 235 球體的直徑大於六吋,將會產生核爆而自我摧毀,因此可以確定這種球體並不存在。(想要嘗試製造也不是好主意!)這種區別十分重要,因為這說明觀察到的一般現象並非都可視為自然法則,而大多數的自然法則都存於一個大而相連的法則系統裡。

　　在現代科學中，自然法則常以數學表述。這些數學表述可以精確或近似，但必須完全成立而毫無例外；縱使不具普適性，至少在特定條件下也必須成立。例如，現在知道若物體以接近光速運動時，牛頓定律一定得修正，不過我們仍然認為牛頓定律是法則，因為對於平日生活都適用（平常的速度遠在光速之下），至少是很好的近似。

　　如果自然界受法則支配，會出現三個問題：

一、法則的起源是什麼？

二、法則有例外嗎？有的話就是奇蹟嗎？

三、是否只有一套可能的法則呢？

　　針對這些重要問題，科學家、哲學家和神學家已提出各種回答。傳統上，對於第一個問題的答案（包括克卜勒、伽利略、笛卡兒和牛頓等人的答案）是認為自然法則為上帝所設。然而，這只是將自然法則定義為上帝的示現而已，除非賦與上帝另外一些屬性（例如舊約中的上帝），否則拿上帝來回答第

一個問題，不啻是用一種神祕取代另一種神祕。所以，如果將上帝列為第一個問題的答案，真正難以回答的會變成第二個問題：法則有例外或奇蹟嗎？

關於第二個問題的答案，則是南轅北轍。柏拉圖和亞里斯多德這兩位古希臘最具影響力的人物，主張自然法則不可以有例外。但若是按照聖經的說法，那麼上帝不只創造自然法則，也會應允人們祈禱而出現奇蹟，例如治療絕症、結束乾旱，或是讓槌球再度成為奧運比賽的項目。幾乎所有基督教哲學家的觀點都與笛卡兒相反，他們認為上帝一定可以停止法則來創造奇蹟。甚至牛頓也相信某種奇蹟，他認為行星的軌道並不穩定，因為行星之間的引力會擾亂軌道，而且與日俱增，最後導致行星掉進太陽裡，或是被甩出太陽系之外。所以，他相信上帝一定得不斷重新設定軌道，或「給天錶上發條，以免停擺。」然而，拉普拉斯（Pierre-Simon Laplace, 1749–1827）主張軌道擾動具週期性，也就是說會重複循環而非一直累積，因此太陽系會自行重新設定，沒有必要訴諸神祇來解釋為何太陽系存在至今。

　　後世通常認為是拉普拉斯率先清楚提出科學決定論：亦即給定宇宙在一個時刻的狀態，則一套完整的法則會完全決定該宇宙的過去和未來；這排除了奇蹟的可能性或是上帝的積極角色。拉普拉斯提出的科學決定論，是現代科學家對於第二個問題的答案。事實上，這是所有現代科學的基礎，也是貫穿本書的重要原則。一道科學法則若是由某種超自然神靈決定不加干涉才成立的話，那麼就不算是科學法則。據說拿破崙知道這點後，詢問拉普拉斯上帝該如何融入這幅圖像中，他答道：「陛下，我不需要那種假設。」

　　既然人類住在宇宙中並與其他物體互動，科學決定論對人們一定也成立才對。不過，雖然多數人對於科學決定論支配物理過程持接受的態度，但是會將人類行為當做例外，因為相信我們具有自由意志。例如，笛卡兒為了保留自由意志的概念，主張人類心智與物理世界不同，並不會遵循物理世界的法則。在他看來，一個人由身體和靈魂兩種成分組成，身體不過是一般機器而已，但是靈魂則不受科學法則支配。笛卡兒對於解剖學和生理學非常感興趣，將腦部中央小小的松果腺視為靈魂所

在。他相信，松果腺是所有思想形成之處，是自由意志的泉源。

人有自由的意志嗎？如果我們有自由意志，是在演化分支的哪個點上發展出來呢？藍綠藻或細菌之類的東西有自由意志嗎？或者其行為是自動機械化，屬於科學法則的範疇內？只有多細胞生物才有自由意志，還是只有哺乳動物才有自由意志呢？我們或許會認為黑猩猩選擇吃香蕉或者貓咪撕扯沙發時，算是運用自由意志，那麼學名 *Caenorhabditis elegans* 的線蟲呢？這種簡單的生物只有九百五十九個細胞，可能從來不會這麼想：「剛剛那隻細菌可真是好吃極了！」但是牠對食物仍舊有明確的偏好，可能會根據最新的經驗，將就吃掉一份不甚誘人的餐點或是尋找更美味的食物，這也算是運用了自由意志嗎？

雖然人們覺得可以自己選擇做什麼事情，但是根據我們對生物分子學的了解來說，生物過程是受物理與化學法則所支配，也就是說跟行星軌道一樣都是被決定的。新近的神經科學實驗支持大腦會遵循已知科學法則來決定行動的觀點，並不是受到自然法則之外的靈或神左右。例如，有一項研究顯示在清

醒狀態下接受腦部手術的病患，若以電流刺激腦部正確的區域，將會讓病患產生移動手腳或動嘴巴講話的欲望。很難想像若人類的行為是受物理法則決定，自由意志將如何施展？所以看來我們只是生物機器而已，所謂的自由意志不過是幻覺罷了。

即便承認人類行為確實是由自然法則所決定，我們也可以合理地推出另一項結論，即人類行為的展現涉及許多變數，由極為複雜的方式決定，因此實際上要做預測並不可行。人類體內有千兆兆個分子，如果要知道每個分子的初始狀態並解出同樣數目的方程式，必須花上幾十億年的時間，這時假設有人揮拳過來，根本來不及閃避。

由此可見，以基本物理法則預測人類行為非常不切實際，所以我們採取「等效理論」（effect theory）來因應。在物理學上，等效理論是指將觀察到的現象納入一個模型架構，而不用詳盡描述背後過程的每個細節。例如，我們無法將身上所有原子與地球上所有原子之間的重力作用方程式一一解出，但實際上只要幾個數字（例如人體總質量），便可描述一個人與地球之間的重力作用。同樣地，我們無法解出繁多原子和分子的行

爲方程式，但是已經發展出「化學」做爲等效理論，足以解釋原子和分子的化學反應，而無需交代每個交互作用的細節。就人類來說，我們無法解出決定人類行爲的所有方程式，所以採用人具有自由意志的等效理論，而研究人類意志與由意志所生行爲的科學便是「心理學」。經濟學也是一項等效理論，是以自由意志的觀點再加上人會評估機會成本並做出最佳選擇的假設而成。不過，經濟學在預測人類行爲上成效平平，因爲人類常常做出不理性的決定，或者誤判決策的後果，所以世界總是一團糟！

　　第三個問題涉及決定宇宙和人類行爲的法則是否獨一無二。假設第一個問題的答案是上帝創造法則，那麼這問題就變成上帝有無選擇法則的餘地？亞里斯多德和柏拉圖（以及笛卡兒和後來的愛因斯坦）都相信，自然原則的存在是出於「必要性」，因爲它們是唯一合乎邏輯的法則。基於對自然法則起源於邏輯的信念，亞里斯多德與其信徒覺得人類可以「推導」出這些法則，而無需注意自然界實際的運作之道。這一點再加上亞里斯多德重視物體「爲何」遵循法則而不去實際釐清法則內

容，讓他以質性法則導向爲主。雖然其思維長期盤據主流地位，卻通常是錯誤且毫無作用的。經過漫長的歲月後，才有伽利略等人敢挑戰亞里斯多德的權威，觀察自然界實際上的運作變化，而非只探究大自然基於何種純粹的「理由」如此運作。

　　本書是以科學決定論的觀念爲礎石，對第二個問題的答案是沒有奇蹟，也就是自然法則沒有例外。不過，我們會深入回答第一個和第三個問題，即自然法則的起源爲何，以及這些是否爲唯一可能的法則。但是，在下一章會先討論自然法則究竟在表述什麼。大多數科學家會說，自然法則是獨立於觀察者存在之外在眞實的數學表述。但是當我們深究人類觀察環境並形成概念的過程，會碰到一個無可避免的問題，那就是眞的有理由相信有一個客觀眞實存在嗎？

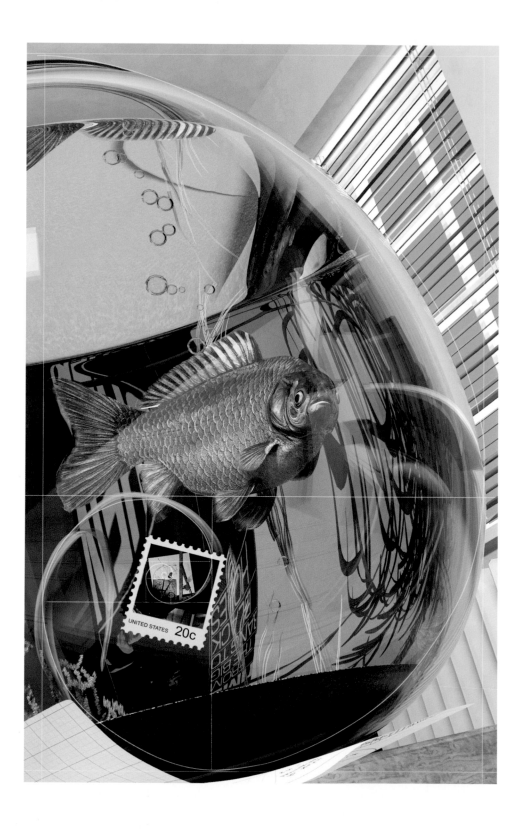

3.

WHAT IS REALITY?
真實是什麼？

幾年以前，義大利莫札（Monza）市議會禁止市民將金魚養在圓形金魚缸裡。提案人指出這樣做很殘酷，因為當金魚凝視外面時，圓弧形的魚缸會讓金魚看到扭曲的真實。但是我們怎麼知道自己有未受扭曲的真實圖像呢？人類是否也住在一個巨大的金魚缸裡面，透過一面巨大的透鏡而得到扭曲的視野呢？金魚對真實的圖像與我們不同，然而我們真的能夠確定牠們的世界觀比較不真實嗎？

　　金魚的所見雖然與我們不同，但是牠們仍然可以提出一套科學法則，用以描述所觀察到魚缸外面的物體運動。例如，我們觀察到一個物體以直線前進，但因為魚缸扭曲了視野，所以金魚會看到物體沿彎曲的路徑前進。雖然金魚的參考座標是扭曲的，但它永遠成立，所以可以提出科學法則，並對魚缸外物體未來的運動做出預測。雖然金魚的法則看起來比人類架構中的法則更複雜，但是「簡單」與否只是品味的問題。若是金魚提出這樣的理論，我們都必須承認金魚的觀點是有效的真實圖像。

　　對真實抱持不同圖像的一個著名例子，是托勒密（Ptole-

my，約 85–165）在西元 150 年左右所提出的天體運動模型。
托勒密在他十三巨冊的《天文學大成》（*Almagest*）中，開門見
山便說明爲何他將地球想成是居於宇宙中央靜止不動的球體，
並認定地球的大小與天體距離相比可忽略不計。儘管愛里斯塔
克斯提出以太陽爲中心的模型，但是至少從亞里斯多德以降，
大多數受過教育的希臘人士都抱持類似托勒密的信仰，例如亞
里斯多德便基於某種神祕的理由相信地球應該是宇宙的中心。
在托勒密的模型中，地球居於天體中心靜止不動，行星和恆星
以複雜的周轉圓環繞地球運行。

　　這個模型似乎很自然，因爲我們感覺不到腳下的地球在移
動（除了地震或興奮過度的時候）。因爲後來歐洲的知識都建
基於希臘的傳承，所以亞里斯多德和托勒密的想法也成爲西方
思想的基礎，天主教會更採用托勒密的宇宙模型做爲正式教義
長達一千四百年之久，直到 1543 年哥白尼在過世那年出版
《天體運行論》（*De revolutionibus orbium coelestium*）一書（不
過他研究這個理論可是達數十年之久），才又有人重提地動說。

　　哥白尼和十七個世紀之前的愛里斯塔克斯一樣，主張太陽

托勒密的宇宙　在托勒密的觀點中，地球居於宇宙中心。

靜止不動，而行星以圓形軌道環繞太陽運行，雖然這並不是新的觀念，但是重新提起卻遭到圍剿。因為大家認為聖經主張群星圍繞地球運轉，哥白尼的模型明顯牴觸了聖經。事實上，聖經從未明白宣稱這個觀點，聖經撰寫之時人們甚至相信地球是平的。哥白尼模型引發地球是否靜止的激烈爭辯，終於在1633 年到達極點：支持哥白尼模型的伽利略因異端邪說而受

審，教廷認為他「堅持宣告牴觸聖經之見，為其辯護並認為其具有說服力。」結果伽利略獲判有罪，終生監禁在家，還被強迫改變說法。據說他在承認錯誤時仍然喃喃自語道：「其實它還是在動啊。」一直到了 1992 年，羅馬天主教廷才終於承認判決伽利略有罪是一項錯誤。

所以，托勒密和哥白尼的模型到底哪個是真的？雖然常有人說哥白尼證明托勒密是錯誤的，然而這種說法並不對。就像我們的「正常」視野與金魚的「扭曲」視野的例子一樣，托勒密或哥白尼的圖像都可做為宇宙模型，因為不管是「日動說」或「地動說」，都可以解釋我們對天體的觀察。暫且不論哥白尼系統在宇宙本質思辨上所居的角色，它真正的優點便是在太陽靜止不動的參考系中，運動方程式簡單多了。

另外一種不同的真實出現在科幻電影《駭客任務》（*The Matrix*）中，電影中人類不知道自己其實住在由智慧電腦創造出來的虛擬真實中，只要人類活得快樂知足，電腦便可吸取「生物電能」（天曉得那是什麼）維持運作。也許這不算太難想像或太牽強，畢竟有許多人寧願沈溺在網站的虛擬生活中，例

如大受歡迎的「第二人生」（Second Life）。但是，我們怎麼知道自己不是電腦創造出來的肥皂劇角色？假設我們住在一個合成的虛擬世界中，事情發展不一定要有邏輯、一貫性或遵守法則，掌控的外星人可能會更樂意看到我們手足無措的反應，例如讓滿月突然裂成兩半，或者讓全世界節食者都突然對香蕉奶油派陷入無法抑制的狂熱。但是如果外星人嚴格執行一貫的法則，我們就沒有辦法知道在虛擬的真實外，是否另有一個真實存在。要說外星人住的世界是「真的」而合成世界是「假的」很容易，但是對於只能住在模擬世界中的生物（例如我們）而言，既然無法從外面注視自身所在的宇宙，便沒有理由質疑自己擁有的真實圖像；自古就有人懷疑我們都只是某個人的南柯一夢，虛擬真實正是這個概念的現代版。

　　這些例子帶出本書一項重要的論點：**與圖像或理論無關的真實，是不存在的**。相反地，我們將採用的觀點是真實與模型相關，換句話說，我們將物理理論或世界圖像視為將觀察現象與模型元素連結的一套規則（通常是數學規則）。這提供的架構可用來闡述現代科學。

　　自柏拉圖以來，哲學家長期爭辯眞實的本質。古典科學的基礎在於相信有眞實的外在世界，這個世界具有明確且獨立於觀察者而存在的特性。根據古典科學，物體存在且具有明確量值的物理特性（如速度和質量）。在這種觀點中，理論是用來嘗試描述物體與其特性，而人類對物體進行的測量和感官知覺所對應的便是其眞實特性；觀察者與被觀察者都是屬於客觀世界的一部分，兩者之間的區分並無意義。換句話說，如果看到停車場有一群斑馬在搶停車位，那就是因爲眞的有一群斑馬在停車場搶停車位。所有的觀察者都會測量到相同的特性，而無論有無觀察者存在，這群斑馬都會擁有這些特性。在哲學上，這種信仰便稱爲眞實論。

　　雖然眞實論可能是滿誘人的觀點，但是我們以後會發現，根據對現代物理學的認識，眞實論很難站得住腳。例如，根據對大自然提供正確描述的量子力學，在觀察者進行測量之前，粒子並不具明確的位置或速度等特質。因此，說某某測量得到特定結果的原因在於被測量的特性於測量那一刻眞的具有該量值，是**不**正確的。甚至，在某些情況中個別物體甚至沒有獨立

的存在，而是集合物的一部分。再者，若「全像原理」（holo-graphic principle）的理論是正確的，那麼我們和這個四維世界只是更大的五維時空在邊界上的影子罷了。就這種情況看來，我們在宇宙的地位恰可比擬於先前那條金魚。

　　嚴格的真實論者常會主張，科學理論能夠如此成功地描述世界，代表它是真實的。然而不同的理論能以不同的概念架構成功描述相同的現象。事實上，許多成功的科學理論日後由同樣成功、卻具有全新真實概念的理論所取代。

　　傳統上，不接受真實論的人被稱為反真實論者。這派人士主張經驗知識與理論知識有所區分，認為觀察和實驗才有意義，理論只是有用的工具，不會比觀察到的現象具有更深的意涵。有些反真實論者甚至想將科學限制在僅能被觀察的事物上。基於這點理由，19 世紀有許多人不能接受原子的想法，因為永遠看不見它們。柏克萊（George Berkeley, 1685–1753）更是極端，他說除了心智和想法之外，什麼東西都不存在。當英國作家兼辭典編纂家約翰生博士（Dr. Samuel Johnson, 1709–1784）的朋友請教他有無可能駁斥柏克萊的主張時，據說約翰

生走向一顆大石頭用力一踢，然後說：「我如此駁斥。」當然，約翰生博士腳上感受到的痛也是他心裡的一個想法，因此他並沒有真的駁倒柏克萊的主張。但是他的行為倒可說明哲學家休謨（David Hume, 1711–1776）的觀點，那便是雖然我們沒有理由相信客觀的真實，但是在生活中別無選擇，只能表現出相信真實的確存在的模樣，否則只會自找麻煩。

　　模型相關真實論可以平息爭辯，以及跳脫真實論與反真實論學派之間的討論。根據模型相關真實論，問道一個模型是否真實並無意義，只要看它是否吻合觀察即可。只要兩個模型都吻合觀察，就像我們與金魚對真實各自具有成功的圖像，便不能說哪個模型比較真實，而是可以視情況使用較方便的模型。例如，如果是住在金魚缸裡，金魚的圖像會比較有用，但如果是在金魚缸外面，那麼用地球上一個金魚缸的座標來描述遠方星系的事情將會非常古怪，尤其是這個金魚缸還會隨著地球公轉與自轉而轉動呢！

　　除了在科學上建造模型，日常生活中我們也會建立模型；模型相關真實論不僅適用於科學模型，也適用於我們創造來詮

釋與了解日常世界的意識及潛意識心智模型。在我們的世界中，沒有辦法除去觀察者（我們），因為我們的真實是透過感官處理與思考、理解的方式所創造。我們的認知以及該認知理論所根據的觀察，並不是直接形成的，而是由一種「透鏡」所塑造，也就是由人類大腦的詮釋結構所形塑。

　　模型相關真實論符合我們察覺物體的方式。就視覺來講，腦部從視神經末端接受一連串的訊號，這些訊號和電視畫質的影像差得很遠。在視神經連接視網膜之處有一個盲點，不但如此，人類視野當中具有良好解析力的範圍，大約只有視網膜中心一度視角的狹窄區域，相當於將手臂伸直時的拇指寬度而已。所以，送到腦部的原始資料不僅解析度極差，而且裡面有個洞。幸運的是，人類腦部處理資料時會結合來自兩隻眼睛的訊息，並基於相鄰地區的視覺特性相似的假設，填滿中間的縫隙。再者，腦部讀取來自視網膜的二維資料，再創造成三維空間的形象。換句話說，我們所見的世界是腦部建造的心智圖像或模型。

　　由於腦部善於建造模型，縱使讓人配戴特殊鏡片導致成像

上下顛倒，但是經過一陣子後，腦部還是會改變模型，讓看見的事物恢復正向。如果摘掉眼鏡，看見的世界又會呈現上下顛倒，然後經過一會兒腦部再次調整過來。這表示當有人說「我看到一張椅子」，那僅僅是光線從椅子散射而成的心智圖像或模型；如果模型上下顛倒，運氣好的話腦部會在我們坐下來之前先將模型導正過來。

　　模型相關真實論所解決（或至少避免）的另一個問題是存在的意義。例如，怎麼知道離開房間看不見的時候，一張桌子仍然在那裡呢？到底，我們看不見的事物（像是電子或組成質子和中子的夸克等粒子）「存在」是什麼意思呢？我們可以採用「離開房間時桌子消失、回來房間後桌子重新出現」的模型，可是這樣會很奇怪，而且如果離開房間時發生別的事情（例如天花板掉下來），又該如何解釋呢？在「離開房間—桌子消失」的模型中，怎麼解釋回到房間後發現桌子被掉落的天花板壓碎的情況呢？相較之下，桌子留在原地不動的模型簡單多了，而且吻合我們的觀察，這就夠了！

　　就看不到的次原子粒子來說，電子模型便很管用，可以用

來解釋許多觀察到的現象，像是雲霧室中的軌跡和電視顯像管光點等等。電子是 1897 年由英國物理學家湯姆森（J. J. Thomson）在劍橋大學卡文迪西實驗室所「發現」，當時他正在真空管裡做陰極射線的電流實驗。這項實驗讓他提出大膽的結論，指那些神祕的射線是由微小的「粒子」構成，而此粒子又是原子組成的材料；在當時，原子被認為是物質的基本單位，無法再分割。湯姆森沒有「看見」電子，其推測也沒有獲得實驗直接或確切的證明，然而這個模型從基礎科學到工程學都有重要應用；今日所有物理學家都相信電子的存在，縱使無法用眼睛看見。

　　另外，看不見的夸克也是模型，可解釋原子核內質子和中子的特性。雖然說質子和中子是由夸克組成，但是我們永遠看不到單個夸克的存在，因為夸克之間的結合力會隨著分離而增加，所以分開時個別的夸克無法存在自然界中。相反地，夸克會以三個成組出現（質子和中子），或是以夸克和反夸克（介子）成對出現，看起來有如被橡皮圈綁在一起。

　　既然無法獨立分割出一個夸克，那麼說夸克真的存在有沒

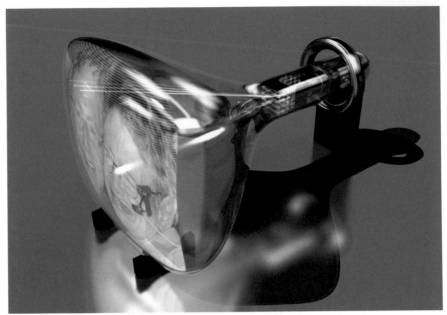

陰極射線　我們看不見個別的電子，但是能看見電子所產生的效應。

有道理呢？自從夸克模型首度被提出來的那天起，這個問題便長期受到爭議。主張核子是由幾個次一次核粒子組成的想法，是一套整理歸納的原則，能對於核子特性提供簡單有力的解釋。然而，雖然物理學家通常可以接受粒子散射資料的統計圖上小小的一個凸起即是真實粒子存在的證據，但是要賦與這種即便是理論上也無法觀察到的粒子真實的特性，對於許多物理學家而言還是難以辦到。不過，隨著夸克模型出現愈來愈正確的預測，反對聲浪逐漸退去。當然，擁有十七隻手臂、紅外線眼睛並會從耳朵吹出奶油的外星人可能與我們做出同樣的實

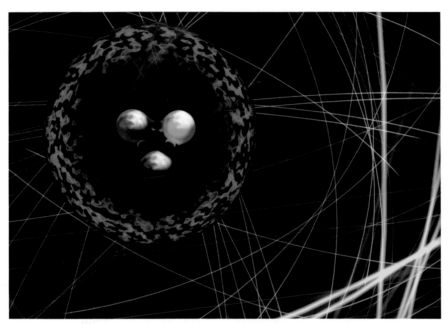

夸克　夸克的概念是基本物理理論的關鍵元素，即使我們無法觀察到個別的夸克。

驗，卻不用夸克來描述。然而，根據模型相關真實論，夸克存在的模型吻合我們對次核粒子運作的觀察。

　　我們可以將模型相關真實論做為一個架構，來討論下面的問題。例如：如果世界是在有限的時間前創造出來，那麼之前的情況是如何呢？有一位早期的基督教哲人聖奧古斯丁（St. Augustine, 354–430）指出，答案並非上帝忙著為質疑者準備了地獄，而是時間屬於上帝創造的世界之屬性，所以時間在世界創造之前並不存在（他也相信世界創造發生在不太久之前）。這是一個可能的模型，為相信創世紀故事是真實的人士

所偏好，儘管有化石等證據讓地球的年代看起來更久遠。（難道化石是上帝放在那裡愚弄人類的嗎？）我們也可以採納另一個不同的模型，在這個模型中時間一直追溯到一百三十七億年前的大霹靂。最能解釋現今觀察（包括歷史和地質證據）的模型，也最能代表我們的過去。第二個模型能夠解釋化石和放射性元素的紀錄，也能解釋為何我們接收得到從數百萬光年遠的星系所放射的光線，因此這個模型（大霹靂理論）比第一個模型更有用。只不過，根據本章對真實的定義，還是不能說哪個模型比較真實。

有些人支持時間可追溯到大霹靂之前的模型。現在還不清楚這種模型是否更能解釋現今的觀察，因為宇宙演化法則似乎在大霹靂那一刻會全部瓦解。若真是如此，要創造一個模型涵蓋大霹靂之前的時間便無意義，因為那時候存在的事物在現在不會有任何可以觀測的效應，所以還不如相信大霹靂是宇宙誕生之刻。

一個好的模型擁有如下條件：

一、優美；

二、幾乎不含隨意或可變動參數；

三、吻合並能解釋現今所有觀察；

四、對未來的觀察能做詳細的預測，若預測未獲證實，可
　　推翻或證明模型是錯誤的。

　　例如，亞里斯多德的理論指世界由水、火、氣、土四項元
素構成，而物體行動在於實現其目的。這項理論很優美，也未
含有隨意參數，但是它對於許多情況並未做出明確的預測，縱
使有預測也不吻合觀察。其中一項預測是指重物應該掉落得比
較快，因為其目的便是掉落。直到伽利略出現之前，似乎沒有
人覺得實際做測試很重要。傳說伽利略從比薩斜塔丟東西下來
做測試，這大概是以訛傳訛，不過可以確定的是，他將不同重
量的東西從斜板滾下，並觀察到所有東西都有相同加速度，與
亞里斯多德的預測不同。

　　這些標準顯然有主觀成分。例如，「優美」本身並不容易
測量，只是科學家很重視這點，因為自然法則本當將眾多複雜

的特例化約爲簡單的公式。優美指的是理論的形式，但是與不
具可變參數也有密切關係；若是理論帶有雜七雜八的參數，可
就很難稱得上優美了。借用愛因斯坦（Albert Einstein）一句
話，一項理論應該盡可能簡單，但不應過於簡單！托勒密將周
轉圓加入天體的圓形軌道中，是爲了讓模型能正確描述天體運
動。他原本能夠加入更多周轉圓，好讓模型做出更正確的描
述，不過雖然愈複雜可以讓模型愈正確，科學家卻認爲變造模
型來配合特定的觀察並不是好事，比較像是資料目錄而非理
論，難以成爲有用的原則。

　　第五章將會看到，許多人認爲描述自然界基本粒子交互作
用的「標準模型」並不優美。這個模型遠比托勒密的周轉圓更
爲成功，在幾種新粒子被發現前便預測其存在，對數十年的實
驗結果做出極爲精確的描述。但是標準模型含有數十個可變參
數，必須調整後才能符合觀察，而非由理論本身決定。

　　就第四點來說，當非比尋常的新預測證明爲正確時，總是
會讓科學家覺得十分振奮。相對地，要是發現模型有缺漏，大
家最常的反應是認爲實驗有問題。若非如此，大家通常還是不

會放棄模型，而是會修補模型、極力挽救。不過，雖然物理學家對於搶救鍾愛的理論不會輕易罷手，但若改到很虛假或很累贅而顯得「不優美」的時候，想要修正舊理論的企圖心也會消退。

　　若是為了符合新觀察而需要做的修正變得太過繁瑣，那代表需要一個新模型了。靜態宇宙的想法便是一個舊模型無法滿足新觀察而遭淘汰的例子。在 1920 年代左右，大多數物理學家相信宇宙是靜止不動的，其大小維持不變，然而 1929 年哈柏（Edwin Hubble）發表觀測結果，顯示宇宙正在擴張。不過，哈柏並非直接觀察到宇宙擴張，而是觀察星系發出的光線：光線會依星系組成而帶有獨特的光譜，若星系與我們的距離有所變動，光譜也會改變。因此，只要分析遠方星系的光譜，便能決定其速度。哈柏預期遠離我們和靠近我們的星系都應該存在，然而他卻發現幾乎所有星系都在遠離我們，而且距離愈遠速度愈快。哈柏提出宇宙正在擴張的結論，然而其他人不以為然，試圖繼續在靜態宇宙的框架內解釋哈柏的觀察。比如說，加州理工學院物理學家茲威基（Fritz Zwicky）提出，

當光線前進很遙遠的距離時，基於某種不知名的原因會慢慢失去能量，且能量的減少符合光譜的變化，其假說的確可解釋哈柏的觀察。自哈柏之後，數十年來許多科學家繼續擁護靜態理論，但是哈柏的擴張宇宙還是最自然的模型，最後終於獲得大家的認同與接受。

在探索支配宇宙法則的過程中，人們提出許多理論或模型，像是四元素理論、托勒密模型、燃素理論和大霹靂理論等等。隨著理論或模型不同，人們對真實和宇宙基本組成的觀念也發生改變。以光的理論為例，牛頓認為光是由小粒子或微粒組成，這可解釋光為何以直線行進。牛頓也用這來解釋為何當光穿越不同介質時會發生彎曲或折射的情況，像是從空氣到玻璃或是從空氣到水中。

然而，這種粒子理論卻無法解釋牛頓自己觀察到的「牛頓環」現象：將一面透鏡放在一個反射面上，用單色光（如鈉燈）照射，從上往下會看到在透鏡與平板接觸之處出現一串明暗相間的圓環。這現象很難用光粒子理論解釋，但是用光波理論便能加以解釋。

折射　牛頓提出的光線理論可以解釋為何光線通過不同的介質時會發生折射，可是卻無法解釋「牛頓環」的現象。

根據光波理論，明暗相間的圓環是由於干涉現象所造成。波（如水波）是由一連串的波峰和波谷所組成，當波與波相遇時，若是波峰或波谷正好相疊（稱為「同相」），會彼此增強而產生更大的波，稱為相長干涉。另一種極端的狀況是一個波的波峰可能與另一個波的波谷交疊（稱為「反相」），此時兩波會彼此抵消，稱為相消干涉。

在牛頓環中，亮環出現在透鏡和反射面相隔距離為兩者的

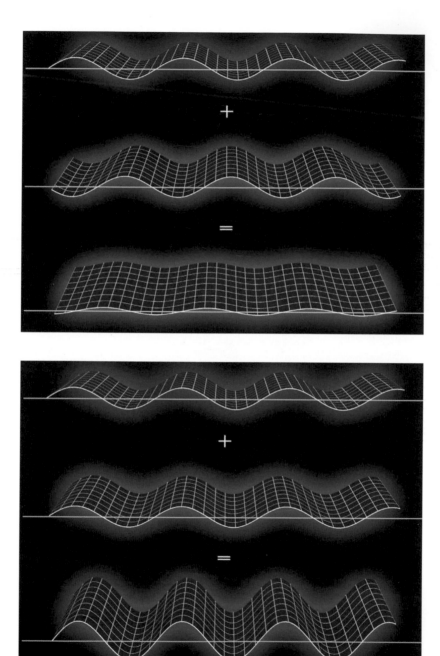

干涉　和人們一樣，波相遇時會彼此相長或相消。

反射波長（指兩個波峰或兩個波谷之間的距離）之差「整數」
倍（1、2、3、……）之處，這是相長干涉；暗環出現在兩者
相距爲反射波長之差「半整數」倍（½、1½、2½、……）之
處，形成相消干涉。

19 世紀時，干涉現象被視爲肯定了光波理論並證明粒子
理論是錯誤的。然而在 20 世紀初，愛因斯坦指出光電效應
（現今使用在電視和數位相機中）可以解釋成是光的粒子或量
子打在原子上，將電子擊出所造成的效果，因此光既是粒子，
同時也是波。

人類思考裡出現波的概念，大概是平常看海或是觀察石頭
掉進池塘的景象。事實上，若是曾經將兩顆小石頭丟進水池
中，多半會看過如右圖中的干涉現象。其他液體也可以觀察到
相似的情況，除了酒，因爲你可能會醉到看不清楚波紋。粒子
的概念跟石頭和沙子很像，不過波粒二象性，亦即一個物體可
以描述成波與粒子的想法迥異於日常經驗，好像說可以「喝」
一大塊沙岩般奇怪。

波粒二象性的情況，便是兩個不同的理論能夠正確描述相

池塘表面干涉波紋   平日從水中便可看見干涉的現象，從水塘到海洋都是。

同現象的例子，這與模型相關真實論一致；兩個理論能夠描述並解釋某些特性，然而不能說哪個理論更為真實。對於支配宇宙的法則，我們能說的是：似乎沒有一項數學模型或理論可以全方位地描述宇宙；相反地，如第一章提到在 M 理論的理論網絡中，每項理論各自善於描述某個範圍的現象，在範圍重疊之處，這些不同的理論會吻合，因此可以說它們都是相同理論的一部分。但是這個理論網絡中沒有一個理論可以完全描述宇宙各個方面，包括自然界的所有作用力、承受這些作用力的粒

子，以及這一切交互作用所處的時空架構。雖然這種情形並不能滿足傳統物理學家追尋的統一理論之夢，但是在模型相關眞實論的架構中是可接受的。

　　第五章將會進一步討論二象性和 M 理論，不過現在回到一項基本的原理，就是現代自然觀基礎的「量子理論」，特別是「多重歷史論」的研究方法。在這派觀點中，宇宙並非只有一個存在或歷史，而是宇宙每個可能的版本都同時以量子疊加態而存在。這聽起來可能太荒謬了，簡直就像說當我們離開房間時桌子便消失的理論一樣，然而這理論卻已經通過每一項實驗的測試了。

4.

ALTERNATIVE
HISTORIES 多重歷史

奧地利有一組物理學家，在 1999 年對著障礙物發射一串足球形狀的分子。這些分子各由六十個碳原子組成，有巴克球（buckyball）之名，名稱來自以建築這種形狀的建物著名的建築師巴克敏斯特‧富勒（Buckminster Fuller）。富勒的半球形圓頂建築可能是世界上最大的足球狀物體，而巴

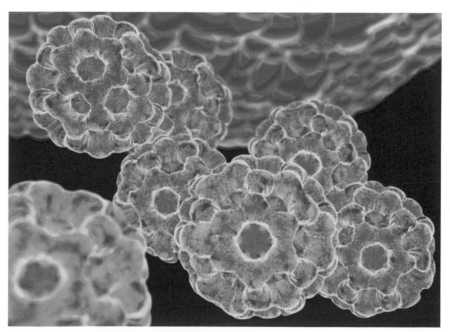

巴克球　巴克球由碳原子組成，像是顯微大小的足球。

克球則是最小的。科學家進行實驗時所瞄準的障礙物上面，設有兩道狹縫可讓巴克球通過，後面另外再設置一道屏幕，可偵測並計算出現的分子。

如果要用真的足球來做類似的實驗，我們需要的是一位準頭不太好的球員，但是他每次射門卻能以穩定的速度踢出。這名球員站在一堵牆之前，牆上開了兩道縫，在牆後面平行放置一張長網，這名球員射門時，大部分的球會擊中牆壁後反彈回來，但是有些球會通過其中一道縫而射入網內。如果牆縫只比球大一點，那麼在網子那邊會出現兩堆球；若是牆縫比球大上許多，那麼兩堆球都會分散一些，如下頁插圖所示。

請注意，若是將一道牆縫關閉，其中一堆球將不會出現，但是這麼做卻不會影響到另一堆球的形成。若是重新打開第二道牆縫，只會增加落在牆後面某定點的球數，因為這等於通過第一道縫抵達定點的球數，再加上從新牆縫通過的球數。也就是說，當我們觀察兩道牆縫皆打開時的球數，等於觀察到兩道牆縫分別打開時的總和。這是我們生活中習以為常的真實，但是卻與奧地利研究人員發射分子時的發現大異其趣。

　　在奧地利的實驗中，打開第二道狹縫確實會增加分子到達屏幕上某些位置的數目，但是卻會減少其他位置的數目（如右圖所示）。甚至，屏幕上有些位置在兩道狹縫皆打開時完全沒有巴克球抵達，但是卻在只有一道狹縫打開時有巴克球。這太奇怪了，怎麼打開第二道狹縫卻會讓抵達某些點的分子減少呢？

　　現在進一步來查看答案。在實驗中，許多分子足球落在屏幕中央位置，離中央位置稍遠之處極少球落下，但是離中央位置更遠之處又可觀察到分子抵達。最後所形成的圖樣並非狹縫分別打開時形成圖樣的總和，但這是我們在第三章中討論過的干涉波的典型模式。沒有分子足球到達的區域相當於從兩道狹縫來的波處於反相的地區，產生了相消干涉；許多分子到達的區域相當於波處於同相的區域，於是產生了相長干涉。

　　這二千年來的科學思想，皆以日常經驗也就是直覺做為理論的基礎。隨著科技進步使觀察範圍擴大，我們開始發現自然運作之道愈來愈不同於日常經驗與直覺，巴克球的實驗便是一例。這項實驗正是典型的例子，顯示有些現象已非古典科學所

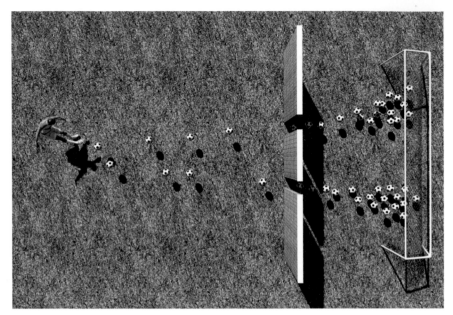

雙縫足球　當球員將足球踢向牆上的縫時，將會產生明顯的圖案。

能涵蓋，必須由量子力學來描述。誠如費曼曾提及的，類似上述的雙縫實驗「涵蓋了量子力學的所有祕密。」

　　量子理論原則是在 20 世紀初發展而出，那時人們發現牛頓的理論無法在原子與次原子層次對自然界做出正確描述。物理學的基本理論描述自然界的作用力以及物體如何反應，牛頓之類的古典理論是建構在反映日常生活經驗的架構上，物體有個別的存在、具有明確的位置，且遵循明確的路徑等等。量子物理提供的架構，讓我們了解大自然如何在原子和次原子尺度上運作，但是接下來會深入看到量子物理的概念基礎完全不

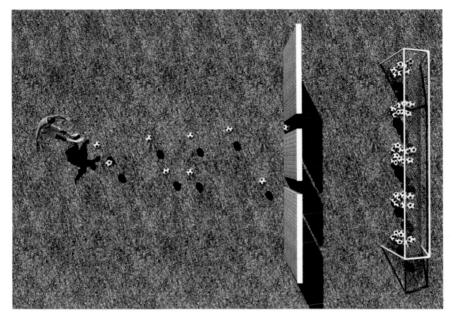

巴克球足球　當分子足球射向牆縫時，進球的圖樣反映出我們不熟悉的量子法則。

同，物體的位置、路徑，甚至過去與未來都無法精確決定。在量子理論中的作用力，如重力或電磁力等等，都是建構在這個架構之內。

這些理論的架構與日常經驗如此迥異，但它也能像提出精確模型的古典理論那般，解釋日常經驗中的事件嗎？答案是可以的，因為人體及我們生活周遭的物體都是由數不清的原子所組成，這些原子比可見宇宙中的繁星還要多。雖然組成物體的原子遵守量子物理原則，但是大型組合物（如足球、蘿蔔、噴射機和人類等）確實不會發生狹縫干涉現象。所以，雖然日常

物體的組成份子會遵守量子物理，可是牛頓定律也形成等效理論，能夠正確描述日常世界中的組合物體如何運作。

這聽起來可能很奇怪，但是組合物體的運作之道不同於組成份子的行為表現，在科學中常常出現。例如，一個神經元的反應不代表人類大腦的反應，了解一個水分子也不代表了解一整座湖泊。在量子物理方面，物理學家還在仔細研究古典牛頓定律如何從量子範疇突現。我們只知道所有物體的組成份子會遵守量子物理法則，至於這些量子組成份子所構成的鉅觀物體，可由牛頓定律對其運作之道做良好的近似描述。

總而言之，牛頓理論的預測符合我們在日常世界中發展出來的真實觀點，但是個別原子和分子的運作之道則迥異於日常經驗。量子物理是嶄新的真實模型，帶來一幅宇宙圖像，讓我們對真實的許多直覺認知的基本概念都不再具有意義。

雙縫實驗首先在 1927 年由戴維森（Clinton Davisson）和加莫（Lester Germer）所執行。這兩位貝爾實驗室的物理學家，當時正在研究電子束（電子是比巴克球簡單許多的物體）與鎳晶體的交互作用，結果發現電子這樣的物質粒子竟然表現

得有如水波，這類震撼性的實驗促成量子物理興起。因為這種行為無法在鉅觀尺度上觀察得到，於是長久以來，科學家便很好奇究竟何等複雜與大小的物體還能夠展現出波的特質。若是這些干涉效果可以出現在人類或河馬身上，肯定會造成大轟動。不過我們已經說過，基本上物體愈大，則量子效應愈不明顯，所以不用擔心動物園裡的動物會化成波浪穿越柵欄逃跑。不過，實驗物理學家已經在愈來愈大的物體上觀察到波的現象，他們希望有一天能用病毒來重複巴克球的實驗，畢竟病毒不僅比巴克球大上許多，更算得上是生物了。

　　要了解後面章節的討論，只要先懂得量子物理的幾點特性即可。首先的一大關鍵是波粒二象性，物質粒子出現波的行為讓大家大感驚訝，相形之下光出現波的表現比較能讓人接受，畢竟這種發現已經有近兩百年的歷史了。利用一道光束進行雙縫實驗時，兩個波將在屏幕上重新會合，在某些地方兩個波的波峰或波谷會完全重合而形成亮點，在某些地方兩個波的波峰與波谷重合而互相抵消，形成黑暗的區域。英國物理學家楊（Thomas Young）在 19 世紀初進行了這項實驗，讓大家相信光

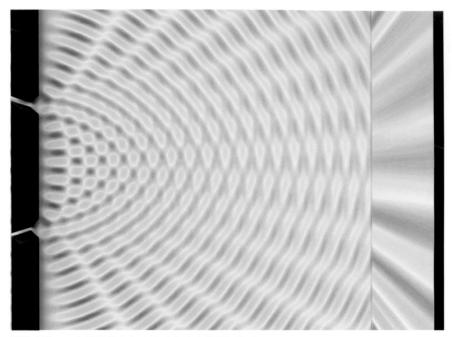

楊的實驗　巴克球圖樣在光波理論中讓人覺得很熟悉。

是波，而非如牛頓相信是由粒子所組成。

　　的確，牛頓主張光不是波的觀點是錯誤的，然而他指出光的行爲表現有如粒子時，卻也是正確的。今天這粒子稱爲「光子」，正如人體是由眾多原子組成，一般所見的光是由無數的光子所組成，即使是一瓦特的夜燈，每秒也會發射 10^{18} 個光子。單個光子通常不容易看見，但是在實驗室中能製造出非常微弱的光束，變成一個個光子構成的光子流，偵測到單個光子。另外，也可以複製楊的雙縫實驗，利用一道黯淡的光束讓

每個光子相差幾秒通過障礙，再將屏幕的光點紀錄相加，將會發現其出現的干涉圖案與利用電子（或巴克球）進行戴維森—加莫實驗出現的干涉圖案雷同。對物理學家而言，這真是驚人的一大發現：如果個別粒子會自我干涉，那麼光的波動本質不僅是一道光束或一大群光子集合物的特質，而且是個別粒子本身的特性。

　　量子物理另一大支柱是 1926 年海森堡（Werner Heisenberg）提出的測不準原理，主張我們同時測量某些物理量（如一個粒子的位置和速度）的能力有所侷限。例如，根據測不準原理，將一個粒子位置的不確定性與動量（其質量乘以速度）的不確定性相乘，絕對不會小於「蒲朗克常數」。這聽起來很繞口，但重點在於：測量速度愈精準，測量位置便愈不精準，反之亦然。例如，將位置的不確定性減半，那麼速度的不確定性便會加倍。還有一點很重要得注意，那就是相較於日常使用的測量單位如公尺、公斤和秒數，蒲朗克常數非常非常小。事實上，如果用上述這些單位來度量，蒲朗克常數的值大約為 6/10,000,000,000,000,000,000,000,000,000,000,000。若是讓一個

鉅觀物體的位置精準到一公釐以內的程度，例如一顆質量為三分之一公斤的足球，則測量其速度的精準度遠高於每小時 $1/10^{24}$ 公尺。那是因為以這些單位測量時，足球的質量為三分之一，而位置的不確定性是千分之一，但不論這兩個值本身或是相乘之後，均不足以構成蒲朗克常數中那麼多的零，所以速度的不確定性必須帶有這些零，因此才會那麼小。在同樣的單位下，電子的質量為 .00000000000000000000000000001，因此電子的情況大為不同。若是測量電子的位置到大約原子大小的精準度時，根據測不準原理，我們對電子速度的掌握，其精準度最高僅為每秒正負一千公里，實在不怎麼準確。

根據量子物理，不管我們獲得多少訊息，或是計算能力如何強，物理過程的結果都無法做確定的預測，因為它們根本還未明確**決定**。反之，在給定一個系統初始狀態後，大自然會透過基本上不確定的過程來決定系統未來的狀態。換句話說，即使在最簡單的狀況中，大自然並不指定任何過程或實驗的結果，而是容許許多不同的結果，每個結果都有一定程度的實現可能性。套用愛因斯坦的話，好像上帝在決定每個物理過程之

前會先丟骰子一樣！這個想法讓愛因斯坦一直覺得很困擾，所以他雖是量子物理的創建者之一，後來還是對量子物理抱持批評的態度。

看起來量子物理似乎違反了自然界受法則支配的想法，其實不然。相反地，量子物理讓我們接受一種新形態的決定論：給定一個系統某個時間的狀態，自然法則會決定各式各樣過去和未來的**機率**，而非明確決定過去與未來。雖然有些人對此不以為然，但是科學家必須接受與實驗相符的理論，而非死守先前的見解。

科學對理論的要求便是要可經測試。如果量子物理預測的或然性本質，意味著無法證實其預測，那麼量子理論也就稱不上是等效理論了。所幸，儘管量子理論的預測具有或然性的本質，但是仍然可經測試。例如，人們可以重複進行實驗許多次，然後確認各種結果出現的頻率符合預測的機率。以巴克球實驗為例，量子物理指出無法確定物體的位置，否則動量的不確定性將會無限大。事實上根據量子物理，每個粒子在宇宙中任何一點都有可能被發現，所以縱使在一個雙縫實驗裝置中發

現某特定電子的機率非常高，還是有一些機會在遙遠的半人馬座阿爾發星發現它，或是出現在公司餐廳裡的肉餅派中。因此，在發射量子巴克球後，我們完全無法事先確定其落點，但是如果重複實驗多次，獲得的資料將反映出在不同地點發現巴克球的機率，而實驗結果已經確認與理論預測相吻合了。

另外很重要的一點，是要了解量子物理中的機率與牛頓物理或日常生活中的機率並不相同，例如比較一連串巴克球在屏幕上形成的圖案，以及射飛鏢時落點形成的圖案。除非射飛鏢的人喝太多啤酒，否則飛鏢落在靶心的機率最高，愈遠則愈低。和巴克球一樣，一支飛鏢可能落在任何地方，但重複多次後可以從落點看出背後的機率。平常我們可能會說飛鏢落在各點有一定的機率，但這只是反映出我們對飛鏢發射的初始條件了解不夠完全，與巴克球的情況並不相同。如果完全掌握飛鏢射出的方式，以及飛鏢的角度、旋轉、速度等等，便可以讓描述更加完善，原則上便可以如願地精準預測飛鏢的落點。所以說，我們用機率來描述日常事件的結果，不是反映出過程的內在本質，而是我們對某些方面的無知。

　　然而，量子理論中的機率則不同，它反映的是自然界中根本的隨機性。自然量子模型所包含的原則，不僅牴觸我們的生活經驗，更違反我們對眞實的直覺概念。覺得量子原則太奇怪或太難相信的人其實並不孤單，因爲像愛因斯坦或費曼等偉大的物理學家也是如此，費曼更是對量子理論做出下文會提及的精彩貢獻！事實上，費曼曾經這麼寫道：「我確信沒有人眞的懂量子力學！」但是量子物理與實驗相符，從來不曾在測試中失靈，而且是接受過最多測試的科學理論。

　　在 1940 年代，費曼對於量子世界與牛頓世界的分歧提出驚人的創見。費曼對於雙縫實驗中干涉圖案如何出現的問題很感興趣，前面曾經提過將分子射向兩道狹縫時所出現的圖案，並不等於兩個狹縫分別打開所出現的兩幅圖案加總；相反地，當兩道狹縫打開時會發現亮暗相間的圖案，暗帶區就是沒有粒子抵達的地方。這代表當只有一道狹縫打開時原本會有粒子抵達的區域，在另一道狹縫也同時打開的時候，竟然成爲沒有粒子抵達的暗帶區了。這好像是說，在粒子從發射點到屏幕的過程中，獲得了兩道狹縫的訊息。這種行爲與日常生活經驗完全

不同，平常球會循著一條路徑穿越其中一道狹縫前進，並不會受到另一道狹縫打開與否的影響。

　　根據牛頓物理（也就是用真的足球來做實驗），每個粒子會循一條路徑從源頭抵達屏幕。在這幅圖像中，根本沒有能讓粒子繞道到各狹縫附近串門子的機會。然而根據量子模型，每個粒子在起點與終點之間並沒有明確的位置，費曼了解到這不代表粒子在源頭與屏幕之間**沒有**路徑可言，相反地，這可意味粒子在這些點之間取道**所有**可能的路徑。他指出這就是量子物理不同於牛頓物理之處。兩道狹縫的情況彼此有關係，是因為粒子不僅沒有循一條特定的路徑，而是**同時**採取所有可能的路徑！這聽起來很玄，其實不然。費曼提出一種稱為「費曼歷史總和」的數學表述，可以據此推導出所有量子物理的法則。費曼理論的數學與物理圖像，與先前的量子物理表述並不相同，然而預測是一樣的。

　　以雙縫實驗來看，依費曼的想法，粒子的路徑有可能是穿越一道狹縫；或者先穿越第一道狹縫，再從第二道狹縫繞回來，接下來又穿過第一道狹縫；或者先去有美味咖哩蝦的餐

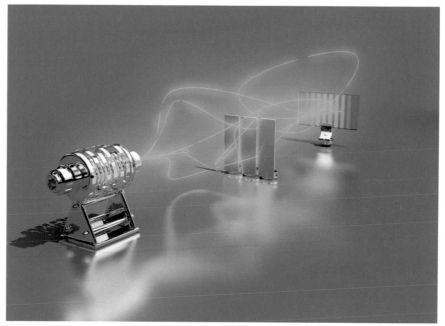

粒子路徑　費曼對量子理論的表述提供一幅圖像，說明為何像巴克球或電子等粒子經狹縫射向屏幕時會造成干涉圖案。

廳，然後繞木星幾圈再打道回府；甚至先去環遊宇宙一趟再回來。就費曼看來，這正解釋了為何粒子會獲取狹縫的訊息：若是有一道狹縫打開了，粒子會經過它；或是兩道狹縫都打開了，粒子穿越一道狹縫的路徑會對粒子穿越另一道狹縫的路徑造成干擾，因此形成干涉。這聽起來太瘋狂了，然而就現今絕大多數基礎物理研究而言，以及就本書的宗旨來說，費曼的表述甚至比原先的表述更為有用。

　　費曼對量子真實性的觀點，對於了解接下來要介紹的理論

非常關鍵，所以先讓我們有更進一步的認識。現在想像一個簡單的過程：有個粒子在 A 點且能自由運動，在牛頓模型中該粒子會沿直線前進，經過一段精確的時間後，將會在該條直線上發現粒子恰恰落在 B 點上。在費曼的模型中，量子粒子會經過連接 A 點和 B 點之間的每條路徑，收集每條路徑的「相位」；相位代表在波週期中的位置，也就是波在波峰、波谷或之間某一點上。根據費曼計算相位的數學公式，將所有路徑的波相加時，可得到該粒子從 A 點出發到達 B 點的「機率振幅」，而機率振幅的平方便是粒子到達 B 點的正確機率。

每條路徑加到費曼和（也是 A 點到 B 點的機率）的相位，可以看成是一個箭頭，具有一定的長度，但是可以指向任何方向。將兩個相位相加時，可將代表一個相位的箭頭放在代表另一個相位的箭頭後面，這樣可得到一個新箭頭代表總和。要再加上更多相位時，只要重複這個過程即可，但是要注意，若將所有相位排列相加，那麼代表總和的箭頭可能會相當長。不過若是箭頭指向不同的方向，那麼常會互相抵消，留下一個很小的箭頭，請見下頁插圖所示。

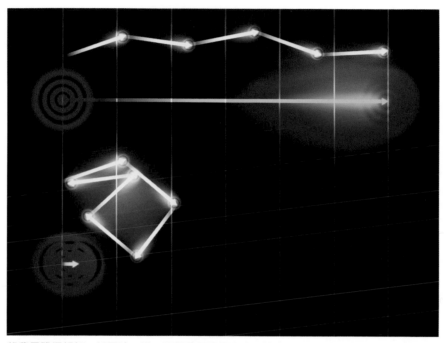

將費曼路徑相加　如同波一樣，不同費曼路徑會彼此增強或消滅。黃色箭頭代表相加的相位，藍色代表總和，亦即從第一個箭頭的尾巴到最後一個箭頭的頭。圖的下方則顯示，由於箭頭指向不同的方向，使得代表總和的藍線非常短。

　　要利用費曼算式計算粒子從 A 點到 B 點的機率大小時，便是將連接 A 點和 B 點之間所有路徑的相位（或箭頭）相加；由於路徑數量無限，會使得數學運算有點複雜，不過還是辦得到，上圖是一些路徑的例圖。

　　費曼的理論帶來一幅相當清楚的圖像，讓我們知道差異巨大的牛頓世界圖像如何從量子物理浮現。根據費曼的理論，每條路徑的相位取決於蒲朗克常數，理論指出因為蒲朗克常數極

為微小，當將相鄰路徑相加時，通常相位會差異極大，結果互
相抵消而趨近於零，如上頁插圖所示。但是理論也顯示，有些
路徑的相位很容易重疊，所以這些路徑就會凸顯出來，也就是
對粒子被觀察到的行為有更大的作用。結果對於鉅觀物體來
說，與牛頓預測路徑非常相似的路徑將會有相似的相位，相加

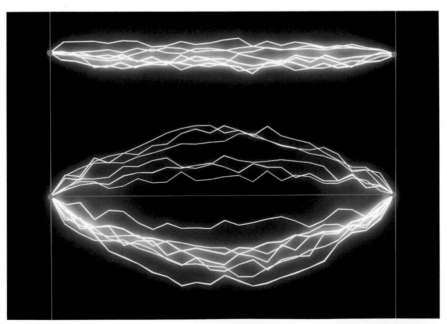

A 點到 B 點的路徑　　兩點間「古典」的路徑是一條直線，而接近古典路徑的路徑，其相位常
會彼此加強，至於遠方路徑的相位常會互相抵消。

時對總和影響最大，所以唯一機率明顯高於零的目的地，便是牛頓理論預測的目的地，且其機率相當接近於一。因此鉅觀物體的運動，正與牛頓理論的預測相符。

到目前為止，我們在雙縫實驗的架構中討論費曼的想法。在雙縫實驗中，將粒子朝向設有狹縫的牆發射出去，粒子最後落在牆後方的屏幕上，我們再測量位置。更進一步說，費曼理論讓我們不只能預測單一粒子可能的結果，還能夠預測整個「系統」可能的結果，這個系統可包括一個粒子、一組粒子，甚至是整個宇宙。這個系統從初始狀態到日後我們進行測量之間，所具有的特性會演化，物理學家稱之為系統的歷史，例如在雙縫實驗中，粒子的歷史便是粒子的路徑。在雙縫實驗中，觀察粒子落在特定點的機率，由所有可能的路徑來決定。同樣地，費曼的理論也指出，對於一個系統來說，任何觀察現象的機率是從所有可能導致該結果的歷史建構而成。因此，費曼對量子物理的研究方法被稱為「歷史總和論」（sum over histories）或「多重歷史論」。

現在對於費曼研究量子物理的方法有所了解了，接下來要

談到另一項重要的量子原理，那便是觀察某個系統必定會改變其演化。我們看到上司下巴沾到芥末醬時，往往會仔細觀看卻保持緘默不做干涉，對於物理系統難道就不行嗎？答案是「不行」。根據量子物理，我們不能「只」觀察事物就好了，要做觀察就必須與觀察的物體產生交互作用。例如，傳統來說要看一個物體，便要用光線照亮物體，若是將光照射在南瓜上時，當然沒啥影響，但縱使只照射一點光在小小的量子粒子上（也就是朝它發射光子），那麼將會產生顯著的效果，實驗顯示這會改變實驗的結果，正如量子物理所做的描述。

在先前的雙縫實驗中，將一道粒子束射向有縫的障礙物，並收集前一百萬個通過的粒子的資料。將不同偵測點落下的粒子數目畫成圖形，這份資料將會形成第七十頁的干涉圖案。當將一個粒子從起點 A 到偵測點 B 所有可能路徑的相位相加時，將會發現我們計算落在各點的機率與實驗數據吻合。

現在假設再度重複實驗，這次在狹縫附近安置另一光源，使我們知道粒子會通過某中介點 C（C 是其中一道狹縫的位置）。這稱為「哪條路徑」的訊息，因為它告訴我們粒子是從

A 點經狹縫一到 B 點，或者是從 A 點經狹縫二到 B 點。既然我們現在知道每個粒子究竟是通過哪道狹縫，在將該粒子經過的所有路徑相加時，就只會包括經過狹縫一的路徑，或是只包括經過狹縫二的路徑，絕對不會同時包括經過狹縫一與狹縫二的路徑。費曼解釋道，原本兩道狹縫的路徑會互相干涉而產生干涉圖案，但是照射光線以確認粒子通過哪道狹縫的同時，會去除另一個選項，使干涉圖案消失了。在進行實驗時，照射光線確實會改變結果，使得原本是第七十一頁的干涉圖案會變成第七十頁的圖案！我們甚至可以改變實驗，用非常微弱的光線來刺探粒子，讓只有部分粒子與光產生交互作用。在這種情況下，只會得到部分粒子通過哪條路徑的訊息，若是將全部粒子的資料依有無通過哪條路徑的訊息來分類，將會發現沒有粒子路徑訊息的那份數據會形成干涉圖案，至於有粒子路徑訊息的數據將不會出現干涉圖案。

　　這個想法對於「過去」的觀念具有重大意義。在牛頓理論中，認定「過去」是以一串順序明確的事件而存在。如果你見到去年在義大利買的花瓶在地板上摔得粉碎，又看到你家娃兒

滿臉害怕地站在一旁，很容易倒推事件找出災難的真相：小手指一滑，花瓶砸個粉碎。事實上，只要對於現在有完整的資料，牛頓定律可讓我們計算出過去完整的圖像。這與我們的直覺理解一致，也就是說不管快樂或痛苦，世界具有明確的歷史。縱使無人凝視關注，但是過去明確存在，彷彿有一系列快照定格存證。然而就量子巴克球來說，從出發地到屏幕之間不能說具有一條明確的路徑，或許可以藉由觀察而定住巴克球的位置，但是你一不觀察它，巴克球就會經過所有路徑。量子物理告訴我們，不論對現在的觀察如何徹底，（未受觀察的）過去就像未來一樣不確定，只以眾多的可能性存在。根據量子物理，宇宙沒有單一的過去或歷史。

　　既然過去不具明確的形式，意味著現在觀察某個系統將會影響其過去。物理學家惠勒（John Wheeler）提出一項「延遲選擇實驗」，（delay-choice experiment）相當能凸顯這層意義。基本上，延遲選擇實驗很像是上面提到的雙縫實驗，可以選擇觀察粒子採取哪條路徑，只是在延遲選擇實驗中，會在粒子落在偵測的屏幕之前那一瞬間，才選擇是否要觀察其路徑，而此

時粒子早就已經通過狹縫了。

　　延遲選擇實驗所產生的資料，與我們選擇觀察（或不觀察）狹縫而得到路徑訊息的資料相同，但在這個實驗中，每個粒子所採取的路徑（即過去）是在通過狹縫很久之後才決定，並且影響它們「決定」是否只通過一道狹縫（不會產生干涉），或者兩道狹縫都通過（會產生干涉）。

　　惠勒甚至想出用宇宙尺度來做這項實驗，其中的粒子是指從幾十億光年遠的似星體所發射出來的光子。這種光可以經由中間星系的重力透鏡效應，分成兩條路徑再朝向地球會合。雖然目前科技無法進行這項實驗，但是如果從這種光收集到足夠的光子，應該會形成干涉圖案。不過若是設置一種裝置，在偵測落點之前測量路徑訊息，干涉圖案應該會消失不見。到底要走一條路徑或兩條路徑，早在幾十億年前（遠在地球或甚至太陽形成之前）便已決定，但是現在我們在實驗室進行的觀察將會影響那項決定。

　　本章利用雙縫實驗來說明量子物理，接下來要介紹費曼的量子力學表述如何應用到宇宙整體上。我們將會看到，宇宙就

像粒子一樣，不只擁有一個歷史，而是擁有所有可能的歷史，每個歷史都有自己的可能性，而我們現今對宇宙的觀察將會影響其過去，並決定宇宙不同的歷史，正如在雙縫實驗中對粒子的觀察會影響粒子的過去一樣。這項分析會顯示宇宙的自然法則如何從大霹靂產生，不過在檢視法則如何產生之前，必須先談談這些法則本身的內容與其引發的深奧問題。

5.

THE THEORY OF
EVERYTHING
萬物理論

宇宙最不能理解之事，在於它是可以理解的。
——愛因斯坦

宇宙可以理解，因爲它受科學法則所支配；也就是說，宇宙的行爲有模型。但是這些法則或模型是什麼呢？第一個以數學語言描述的作用力是重力，牛頓的重力法則於1687 年提出，指宇宙中每個物體都會彼此吸引，此作用力與物體質量成正比。這在當時引起很大的震撼，因爲這是第一次顯示宇宙至少有某個面向可以提出正確的模型，並建立數學機制。不過，大自然具有法則的想法也會引發爭議，例如在牛頓之前五十年，伽利略曾因此被判異端邪說而入罪。在聖經中有一則故事，提到約書亞祈求太陽和月亮停止運行，以便能有足夠的日光戰勝迦南的阿摩利人（Amorites）。根據約書亞書，太陽大概停止了一日之久，現在我們知道那意味著地球得停止自轉。而如果地球立即停止轉動，根據牛頓定律，地面上任何未綁住的東西將會以地球原來的速度（在赤道上爲每小時一千一百哩）向前衝，也就是說要換取一次太陽延遲下山的代價實

在太高昂了。不過，這一點也不會對牛頓構成問題，因為我們曾經提過，牛頓相信上帝能夠而且會干涉宇宙的運行。

接下來，第二項永適的法則或模型是發現了電與磁的作用力。這些作用力的行為與重力相似，但重要的不同之處，在於兩個同性的電荷或磁鐵會彼此相斥，而兩個異性的電荷或磁鐵會彼此吸引。電與磁力比重力強大許多，然而我們不會每天都注意到它們，因為鉅觀物體裡幾乎含有相同數量的正電荷與負電荷，代表在多數物體中電與磁力幾乎互相抵消，不像重力是一直相加累積。

現今對於電與磁力的認識，約莫是從 18 世紀中葉到 19 世紀中葉的一百年間發展出來，幾個國家的物理學家進行了詳盡的電磁實驗研究。最重要的發現之一是電與磁之間具有相關性：移動的電荷會對磁鐵產生作用力，而移動的磁鐵會對電荷產生作用力。第一位了解兩者之間具有某種關聯的人是丹麥物理學家厄斯特（Hans Christian Ørsted），1820 年當他在為大學授課做準備時，發現自己使用的電池會造成指南針指針偏轉。他很快了解到移動的電流會造成磁力，並且發明「電磁」一

詞。幾年之後，英國科學家法拉第（Michael Faraday）理解到
（以現代用語來說）如果電流能造成磁場，反之磁場應該也會
造成電流。他在 1831 年以實驗證實此效應，十四年之後，又
因為發現強烈的磁場會影響偏振光的本質，指出電磁與光之間
具有其他關聯性。

　　法拉第幾乎未受過正式教育，他出生於倫敦附近一個貧窮
的鐵匠家庭，十三歲便輟學到書店打雜。那些年裡他一點一滴
地從書本裡汲取科學知識，並偷空進行簡單便宜的實驗。最後
他在偉大的化學家戴維（Humphry Davy）爵士的實驗室找到
助理的工作，餘生四十五年都在此度過，並在爵士過世後繼承
工作。法拉第的數學不好，所學也有限，所以當他想為在實驗
室裡觀察到的奇怪電磁現象提出一幅理論圖像時，可真是難為
極了，不過他還是成功辦到。

　　法拉第對人類知識最大的革新之一，便是帶來「力場」的
觀念。現在拜書籍和電影之賜，那些有昆蟲眼睛的外星人和星
艦飛碟讓大多數人都對這個詞彙很熟悉，也許法拉第應該收取
版稅吧！但是在牛頓和法拉第之間的數百年中，物理學存在一

個難解之祕：根據法則，作用力似乎是隔空作用。法拉第不喜

歡這樣，他相信要移動一個物體，一定要有所接觸，所以他想

像在電荷和磁鐵之間充滿了看不見的管子，負責實際推拉的動

作，他稱這些管子為「力場」。要看見力場很容易，在教室裡

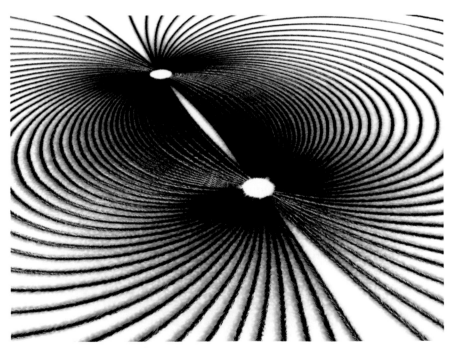

力場　磁鐵形成的力場，以鐵粉分布呈現。

便能進行，方法是將一條磁鐵放在玻璃板上，再撒上一些鐵粉，輕輕敲幾下以克服摩擦力，鐵粉就好像被一股看不見的力量推動，在磁鐵兩極間形成許多曲線條紋，這正是看不見的磁場在空間中遍布的地圖。今日我們相信所有作用力都是以場傳遞，這是現代物理學與科幻小說的一項重要概念。

　　然而經過數十年，人類對電磁的認識停滯不前，只有少數幾條經驗法則存在，包括：電與磁有緊密（與神祕）的關連；電與磁和光具有某種連結；以及萌芽的場概念。雖然至少出現過十一種電磁理論，但統統都有各自的缺陷。在 1860 年代，終於出現一位蘇格蘭物理學家馬克斯威爾（James Clerk Max-well），將法拉第的想法納入數學架構中，解釋了電、磁和光三者之間緊密又神祕的關係，以一組方程式描述電與磁都是電磁場的同一物理表現，將電與磁統一為一種作用力。另外，馬克斯威爾也證明電磁場會以波的形式在空間傳遞，而波的速度是由其方程式中一個數字所支配，是他先前從實驗數據中計算得到。讓馬克斯威爾大感驚訝的是，計算得到的速度竟然等於光速，而當時實驗的誤差只有百分之一，所以說，他居然發現

光本身就是電磁波。

今天描述電場和磁場的方程式稱為馬克斯威爾方程式，聽過的人不太多，但卻幾乎是商業上最重要的方程式，涉及從家電到電腦每樣商品的運作，也描述光之外的波，包括微波、無線電波、紅外光與 X 光等等。這些與可見光只有一點不同，那便是波長。無線電波的波長大約是一公尺，可見光波長只有幾千萬分之一公尺，至於 X 光的波長則低於億分之一公尺。太陽會發射出各種波長，但是以我們看得見的波長最為強烈。人類肉眼能看見的波長是太陽放射最強的波長，這點可能不是意外：我們的眼睛演化到有能力偵測這個範圍的電磁輻射，很可能正是因為這個範圍的輻射最強的緣故。若是我們遇到其他外星生物，很有可能他們有能力「看見」的輻射，其波長恰好是他們的恆星放射最強的部分（另外得將他們的行星大氣中塵埃與氣體等會阻擋光線的因素考慮在內）。所以，在 X 光下演化的外星人，也許能找到機場保全的好工作。

馬克斯威爾方程式指出，電磁波以大約每秒三十萬公里（或每小時六億七千萬哩）的速度行進。但是講到速度時，若

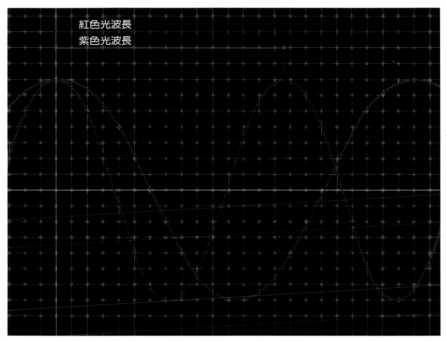

紅色光波長
紫色光波長

波長　微波、無線電波、紅外光與 X 光等等，都是不同顏色的光而已，不同之處只在於波長。

沒有指明是相對於何種參考座標來進行測量的話，是沒有什麼意義的。平常我們根本不會想到這一點，在看到每小時六十哩的速限標誌時，我們知道那是相對於公路來測量速度，而不是相對於銀河中心的黑洞。不過平時還是有些情況必須考慮到參考座標，比如說在飛機上端著一杯水走路，你可能會說自己的速度是每小時二哩，但是地面上的人可能會說你的速度是每小時五百七十二哩。不過，你不用覺得地面上的觀察者好像講得比較對，請記住因為地球繞太陽運轉，在太陽表面觀察你的人

會不同意你們兩方的說法，反倒宣稱你以每秒十八哩的速度行進，而且還羨慕你有冷氣吹呢！有鑒於此，當馬克斯威爾宣稱發現方程式裡出現「光速」時，很自然會問道：方程式中的光速是相對於何種物體進行測量呢？

　　首先，我們沒有理由相信馬克斯威爾方程式中的速度參數，是相對於地球測量到的速度，畢竟其方程式適用於全宇宙。另一個答案曾流行一陣子，指方程式中的速度是相對於以前從未發現卻遍布空間的介質，叫做「光以太」（luminiferous ether），或簡稱「以太」；這是亞里斯多德發明之詞，他相信這種物質充滿於空間之中。當時將假設的以太當成是讓電磁波傳遞的介質，正如同聲音由空氣傳遞一樣。如果以太存在，將會有一個絕對靜止的標準參考系，同時也會有一種絕對的方式來定義運動，讓以太成為全宇宙的首要參考座標，任何物體的速度都可相對於以太進行測量。所以，有理論家基於上述理由討論以太性質，並促使一些科學家想辦法研究它，或至少想測試其存在與否，馬克斯威爾便是如此。

　　如果穿過空氣跑向聲波的源頭，那麼波接近你的速率將增

快；如果往反方向跑離聲波，那麼波接近你的速率會減慢。同樣地，若是真的有以太存在，光的速度將會視我們與以太的相對運動而變。事實上，如果光和聲音的情況一樣，那麼就像超音速噴射客機上的乘客永遠聽不見飛機後面發出來的聲音一樣，在以太中跑得夠快的旅客也可望追過光波。在考慮這些情況下，馬克斯威爾提出一項實驗：若是有以太，地球在繞太陽運轉時必定會通過以太，而既然地球在一月與四月或七月行進的方向不同，那麼應該能觀察到光束在一年四季中會有些微差異，見右圖所示。

原本馬克斯威爾想在《皇家學會會議論文》（*Proceedings of the Royal Society*）提出實驗構思，卻因為編輯認為不可行而被說服，打消了念頭。但是在 1879 年，也就是在馬克斯威爾四十八歲因胃癌折磨而撒手人寰前不久，他寫了一封信跟朋友談到這個點子。這封信在他過世後發表於《自然》（*Nature*）期刊上，一名美國科學家邁克生（Albert Michelson）也看到了。邁克生和莫里（Edward Morley）受到啟發，在 1887 年進行一項極為靈敏的實驗，用來測量地球在以太中行進的速度。他們

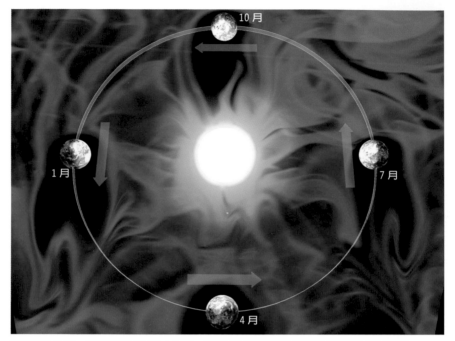

通過以太行進   如果地球通過以太行進，應該能夠觀察到光速有四季差異而加以確認。

的想法是要比較兩個不同垂直方向的光速，若光速相對於以太是一個固定的數字，那麼測量應該會顯示光速依光束方向也有所不同，然而他們並未觀察到這種差異存在。

　　邁克生和莫里的實驗結果明顯與電磁波在以太中行進的模型發生衝突，應該會讓大家拋棄以太模型。但是邁克生的目的在於測量地球相對於以太的行進速度，並不是要證明或推翻以太的存在，實驗結果未讓他做出以太不存在的結論，其他人也未推出這樣的結論。事實上，著名的物理學家湯姆森（William Thomson）在 1884 年曾經說道，以太是「在動力學中我們唯一有信心存在的物質，我們能夠確信的是光以太的眞實與重要性。」

　　儘管邁克生與莫里的實驗結果擺在眼前，爲什麼大家還相信以太存在呢？如前面所提，人們常會想出附加條件來拯救模型。有些人假設地球會攜帶以太一同行進，事實上未與以太做相對運動。荷蘭物理學家洛侖茲（Hendrik Antoon Lorentz）與愛爾蘭物理學家費茲傑羅（George Francis FitzGerald）提出，在相對於以太運動的座標系中，可能基於某種不知名的力學作用，時鐘會變慢且距離會縮短，所以測量到的光速會維持不變。這種試圖搶救「以太」的現象持續將近二十年，直到伯恩專利局一位沒沒無名的年輕職員愛因斯坦發表一篇引人注目的論文後，一切才爲之改觀。

　　1905 年發表〈運動物體電動力學〉（Zur Elektrodynamik bewegter Körper）論文時，愛因斯坦才二十六歲。在論文裡，他做了一個簡單的假設，指物理法則（特別是光速）應該對於所有運動的觀察者都是相同的。這個想法讓我們革新對於時間與

空間的概念。要明白其中的道理，現在請想像在一架飛機上，有兩起事件在相同地點但不同時間發生，對於在飛機上的觀察者來說，兩起事件之間並沒有距離差別。但是對於在地面上的第二位觀察者來說，兩起事件的距離差別等於這段時間內飛機行進的距離。這顯示兩個做相對運動的觀察者，對於兩起事件距離的看法並不一致。

現在假設這兩名觀察者觀察一道光脈衝從機尾行進至機鼻，如上所述，兩者對於光從機尾發射到機鼻的距離看法不一致，既然速度是行進距離除以所花時間，這表示若他們對於光脈衝行進速度（即光速）的看法一致的話，對於從發射到抵達相距的時間將會有不同的觀察。

這件事奇怪的地方在於，雖然兩位觀察者測量到不同的時間，但是都在觀看**相同的物理過程**。愛因斯坦提出一個合邏輯又驚人的解釋，指測量時間與測量行進距離一樣，都和進行測量的是哪位觀察者有關。這種效應正是愛因斯坦在 1905 年那篇論文中理論的一個關鍵重點，後來稱為狹義相對論。

現在看這項分析如何應用在時鐘上。假設有兩名觀察者注

噴射客機　如果在飛機上讓一顆球上下彈跳，飛機上的觀察者可能會認為球每次彈跳都在相同點上，然而地面上的觀察者將會測量到不同的彈跳位置。

視一個時鐘，狹義相對論指出，就相對於時鐘處於靜止的觀察者來說，時鐘會走得比較快；而就相對於時鐘處於運動中的觀察者來說，時鐘會走得比較慢。如果把上述光脈衝從機尾到機鼻當做時鐘的滴答聲，可以明白地面上的觀察者之所以認為時鐘走得比較慢，是因為在其參考座標中，光束行進的距離較遠。這個效應並非取決於時鐘的機械特性，而是適用於所有時鐘，包括我們的生理時鐘。

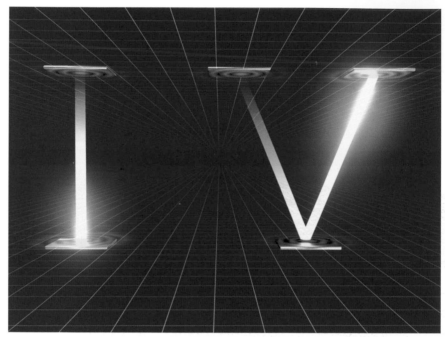

時間膨脹　移動的時鐘似乎走得比較慢，因為這也適用於生理時鐘，所以移動的人們也會老得比較慢。但是不用抱持太高的期望，因為以平常的速度來說，一般正常的時鐘無法測量到差異。

與牛頓所想的不同，愛因斯坦的研究顯示，時間就像靜止概念一樣不可能是絕對的。換句話說，要賦予每起事件一個每位觀察者都同意的時間，是不可能的事。相反地，所有觀察者都有自己的時間，兩個做相對運動的觀察者所測量的時間將會不同。愛因斯坦的想法違反我們的直覺，因為平日生活中的速度無法看出這種現象。但是這些現象已再三受到實驗確認，例如想像在地球中心有一個靜止的參考時鐘，在地球表面有另一

個時鐘，接下來將第三個時鐘送上飛機，與地球自轉同向或逆向飛行。以地球中心的時鐘爲參考，當飛機帶著時鐘向東移動時（與地球自轉同方向），會移動得比地球表面上的時鐘快，所以應該走得比較慢。同樣地，以地球中心的時鐘爲參考，飛機上的時鐘向西移動（與地球自轉反方向），會移動得比地球表面上的時鐘慢，所以應該走得比地球表面的時鐘快。在 1971年 10 月，科學家將一個十分精確的原子鐘放在飛機上繞行世界，結果完全證實了這點。所以說，理論上人們可以一直往東邊飛來延長壽命，只不過可能會先看膩了機上電影。而且，這種效應非常微小，每繞地球一圈也只能減緩一億分之十八秒而已（若是考慮重力效應的話，差異會更小，不過在此不加討論）。

由於愛因斯坦的研究，物理學家了解到當要求光速在所有參考座標中都保持相同時，馬克斯威爾的電磁理論會讓時間無法與空間三個維度分開處理。相反地，時間與空間是交織的，好像是將未來／過去的第四維度加到平常的左／右、前／後和上／下三個維度中。物理學家將時間與空間的結盟關係稱爲

「時空」，因為時空包括第四個方向，故稱為四個維度。在時空中，時間不再與空間三個維度分開，大致上，正如同左／右、前／後和上／下的定義要視觀察者的方位而定，時間的方向也要視觀測者的速度而定。以不同速度運動的觀測者會選擇時空中不同的時間方向，因此愛因斯坦的狹義相對論是一個新模型，淘汰了絕對時間與絕對靜止（相對於固定的以太）等概念。

　　愛因斯坦很快了解到，若要讓重力與相對論相容，理論必須要做更多改變。根據牛頓的重力理論，任何時間物體之間都會彼此吸引，此作用力由兩者當時的距離所決定。但是相對論已經廢棄絕對時間的概念，所以沒有辦法界定兩個物體之間的距離應該在何時進行測量，因此牛頓的重力理論與狹義相對論互相衝突，需要加以修正。這點衝突聽起來像是屬於小小的技術問題，若稍加調整便可解決，不需要動到理論本身。然而，事實證明這種想法是大錯特錯。

　　接下來十一年，愛因斯坦發展出一項新的重力理論，稱為廣義相對論。廣義相對論的重力觀念與牛頓的重力觀念並不相同，它是根據一項革命性的新見解，主張時空並非如先前所認

定是平坦的，會因為受到質量與能量扭曲而發生彎曲。

　　講到彎曲時，可以地球表面做思考。雖然地球表面只是二維度（因為只有兩個方向，如南／北或東／西），但是因為彎曲的二維空間比彎曲的四維空間更容易理解，所以適合用來當例子。曲面（如地球表面）的幾何學並不是我們熟悉的歐氏幾何學，例如在地球表面上兩點之間最短的距離（在歐氏幾何中答案是直線），是沿著兩點之間大圓線行進的路徑（大圓的圓心與地球中心重合，赤道便是一個大圓，赤道沿不同方向旋轉所形成的圓也都是大圓）。

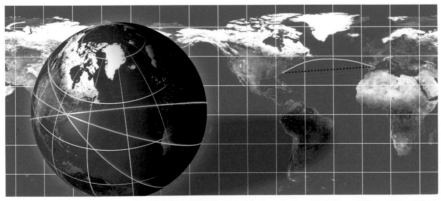

測地線　在地圖上畫出地球表面兩點之間最短的距離時，會是一條曲線，這點在酒駕測驗時也要記住！

現在想像從紐約到馬德里，兩座都市的緯度幾乎相同。如果地球是平的，那麼最短的路徑便是直線向東，經過三千七百零七哩便可抵達馬德里。但是因為地球是彎曲的球體，在一張平面地圖上可畫出一條看似較長的曲線，實際上卻比三千七百零七哩更短。若是走這條大圓線，只要三千六百零五哩便可抵達目的地：首先先往東北方，接著慢慢轉向東方，最後朝著東南方即可。這兩條路徑之間的距離差異是因為地球的彎曲所造成的，也是它不屬於歐氏幾何的跡象。航空公司明白這點，所以會盡可能安排機長飛行大圓航線。

根據牛頓的運動法則，像砲彈、行星和可頌麵包等物體都是呈直線前進，除非是受到一個力作用，例如重力。但是在愛因斯坦的理論中，重力跟其他的作用力不同，是質量彎曲時空而造成的結果。在愛因斯坦的理論中，物體會沿測地線前進，也就是在彎曲的空間中最接近直線的路徑。直線是平面上的測地線，而大圓是地球表面的測地線。若是沒有物質存在，四維時空的測地線等於三維空間的直線；但是若有物質存在會扭曲時空，使得相當於三維空間之路徑產生彎曲，這在牛頓物理中

是解釋成重力的吸引。當時空並非平面時，物體的路徑變成彎曲的，造成有施加作用力的印象。

　　當沒有重力時，愛因斯坦的廣義相對論等同於狹義相對論，所做的預測幾乎與牛頓重力理論在太陽系的弱重力環境中所做的預測相同，不過還是有些微的差異。事實上，若是全球衛星定位系統不考慮廣義相對論的話，定位錯誤將以每天十公里的速度累積！然而，廣義相對論真正的重要性不在於幫助大家找到新潮餐廳而已，而是一種極為不同的宇宙新模型，預測像重力波和黑洞等新現象，並且將物理學變成幾何學了。現代科技極為靈敏，可以對廣義相對論進行敏感的測試，而它通過了每項測試。

　　雖然馬克斯威爾的電磁理論與愛因斯坦的重力理論（廣義相對論）都徹底改革了物理學，但是兩者就像牛頓物理學一樣，都是古典理論，也就是說，在這些模型中宇宙都只有一個歷史。在上一章中，看到在原子與次原子尺度上這些模型與觀察並不一致，必須使用量子理論才適合。而在量子理論中宇宙擁有所有可能的歷史，各有其強度或機率大小。在日常生活的

實用計算上，可以繼續使用古典理論，但是如果希望了解原子和分子的行為，那麼需要量子版的馬克斯威爾電磁理論。同樣地，如果想要了解早期宇宙，當時所有物質和能量都擠成一小團，就必須要有量子版的廣義相對論。如果想對自然界有根本的認識，也必須要有這類理論，否則有些法則是量子法則，有些法則是古典法則，將會產生不一致。所以說，我們必須找到所有自然法則的量子版，這類理論稱為「量子場論」（quantum field theory）。

自然界中已知的作用力分為下列四種：

一、**重力**：這是四種作用力中最弱的一種，但是屬於長距離作用力，而且是作用在宇宙萬物上的吸引力。這代表對大型物體來說，所有的重力會累加起來成為最大的作用力。

二、**電磁力**：這也是長距離的作用力，而且比重力強大許多，但是只有帶電粒子才有作用，電荷相同會相斥，電荷相反會相吸。這代表大型物體之間電作用力會彼

此抵消，但是在原子與分子尺度上會最強；電磁力是所有生物或化學反應的起源。

三、**弱核力**：這會造成放射性，並且對於恆星與早期宇宙的元素形成扮演關鍵角色。然而，平日並不會接觸到這種作用力。

四、**強核力**：這種作用力可結合原子核內部的質子和中子，也可讓更小的夸克粒子結合而成質子和中子。強作用力是太陽和核能的能量來源，但是和弱作用力一樣，我們與強核力並無直接接觸。

第一個有量子理論的作用力是電磁力，電磁場的量子理論稱為量子電動力學（quantum electrodynamics, QED），是 1940 年代由費曼等人發展而成，並且成為所有量子場論的典型。前面提過，根據古典理論，作用力是由場傳遞，但是在量子場論中，力場是由各種稱為玻色子的基本粒子所組成，這些能攜帶作用力的粒子會在物質粒子之間傳遞作用力。物質粒子稱為費米子，電子和夸克都是費米子，而光子則是玻色子，電磁力就

是由光子所傳遞。傳遞作用力方式爲物質粒子（如電子）射出玻色子（或作用力粒子）後向後退，正如同大砲射出砲彈後會往後退一般，接著作用力粒子與另一個物質粒子碰撞並被吸收，改變了該粒子的運動。根據 QED，帶電粒子（感受到電磁力的粒子）之間所有的交互作用，都是以光子交換來描述。

　　QED 的預測已經受過檢驗，而且與實驗結果精準吻合。但是 QED 的數學計算卻極爲困難，因爲要將粒子交換的交互作用模式納入量子作用採用所有可能發生的歷史當中，因此做數學計算時，必須將作用力粒子所有可能的交換方式列入考慮，計算起來相當複雜。好在，費曼除了發明多重歷史的觀念之外，還發展出一種簡潔的圖解法來代表不同的歷史，這種方法不僅適用於 QED，同時也適用於所有的量子場論。

　　費曼的圖解計算法稱爲費曼圖，這讓我們更容易了解、掌握歷史總和中的每一項，可謂近代物理最重要的工具之一。在 QED 中，所有可能歷史的總和可以費曼圖的總和表示，下頁的圖代表兩個電子因電磁力而彼此散射的一些可能方式，圖中實線代表電子，波浪線代表光子，時間走向是由下往上，線交

錯的地方代表有光子被一個電子射出或吸收。例如，圖（A）
代表兩個電子彼此接近，交換一個光子，然後各自繼續前進。
這是兩個電子最簡單的電磁交互作用方式，但是我們必須考慮
所有可能的歷史，因此也必須包含像（B）的圖。在（B）圖

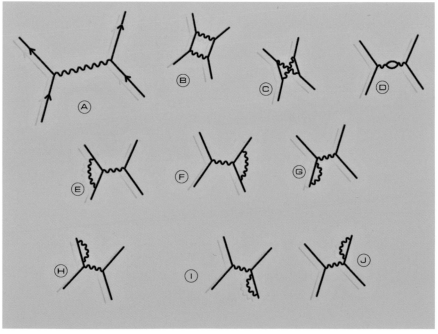

費曼圖　這些圖表示電子彼此散射的過程。

中，同樣是兩條線進來（接近的電子）以及兩條線出去（發散的電子），但是圖中的電子交換兩個光子再彼此離去。這裡的費曼圖只畫出一些可能性，事實上有無數的費曼圖，在計算時必須全部考慮進去。

　　費曼圖不只是一種簡潔的表述方式，幫助我們想像和理解這些交互作用發生的情況。同時，費曼圖附帶計算法則，可以從每幅圖的點線之間讀出其數學方程式。例如，帶有特定初始動量的射入電子最後帶著特定動量散射的機率，便是將每個費曼圖相加所得。這項工作並不簡單，因為有無限的費曼圖存在。再者，雖然射入與射出電子都有特定的能量和動量，但是在費曼圖內部封閉迴圈的粒子可能具有任意能量和動量。這點相當重要，因為在計算費曼和時，不僅要將所有費曼圖相加，同時也要包括所有能量和動量值。

　　費曼圖對於物理學家帶來極大的幫助，方便想像和計算QED所描述物理過程的機率，但是卻無法解決一項重要的理論問題，就是無數不同歷史的貢獻相加時，會得到無限的值。（如果在一個無限級數中各項快速減少，級數總和有可能是有

限的，可惜這裡並非如此。）尤其是當費曼圖相加時，答案似乎指出電子具有無限的質量和電荷。這太荒謬了，因為我們可以測量電子的質量和電荷，而且它們是有限的。為了解決無限的問題，物理學家發展出一種稱為「重正化」（renormalization）的方法。

　　重正化是將定義為負無限大的量減去，在經過仔細的數學計算後，使得理論中出現的負無限大值與正無限大值幾乎互相抵消，留下一個很小的數值，也就是觀察到有限的質量和電荷。若在數學考試做這種事很可能被當掉，而重正化正如其名，在數學上很可疑。例如這種方法得到電子的質量和電荷值，可能是任何有限的數字。優點是物理學家可以丟掉負無限大值來得到正確答案，然而缺點是從理論無法預測電子的質量和電荷。但是一旦定下電子的質量和電荷，便可以做出其他許多極為正確的預測，全部都與觀察相當吻合，所以重正化是QED 的必要成分。例如，早期 QED 的一大勝利便是正確預測出藍姆位移（Lamb shift），這是 1947 年發現氫原子能階的微小變化。

費曼圖　費曼開著一部上面畫滿費曼圖的著名廂型車。雖然他在 1988 年過世，但是這部小貨車至今還在，停置在加州理工學院附近的一間倉庫內。

由於 QED 重正化的成功，激勵人們嘗試尋找描述自然界另外三個作用力的量子場論。而且，將自然作用力分為四種可能只是人為造成，以及我們認識不足的結果。因此，科學家轉而尋找一種萬物理論，可以將四種作用力統一成一個法則，並且與量子理論能夠相容，這將是物理學界的最後聖杯。

統一四種作用力的方向可能是正確之途，其中一個徵兆來自於弱作用力理論。單獨描述弱作用力的量子場論並不能重正化，意思是它具有無限項，無法靠減去有限的量（如質量和電

荷）而相互抵消。不過，1967 年薩拉姆（Abdus Salam）和溫伯格（Steven Weinberg）分別提出一項理論，將電磁力與弱作用力統一，結果發現統一治好了無限的毛病。統一的作用力稱為電弱力，其理論是可以重正化的，而且預測有三種新粒子存在，分別是 W^+、W^- 和 Z^0。1973 年，位於日內瓦的歐洲核子研究中心（CERN）發現 Z^0 存在的跡象，薩拉姆和溫伯格於 1979 年獲頒諾貝爾獎，至於 W 和 Z 粒子卻直到 1983 年才直接觀察到。

　　在另一種稱為色動力學（quantum chromodynamics, QCD）的理論中，強作用力可以自行重正化。根據 QCD，質子、中子和其他許多物質基本粒子，都是由夸克組成；夸克具有一種很顯著的特質，物理學家稱之為顏色（因此稱為色動力學，不過跟真的顏色沒關係，只是便於標識而已）。夸克分成紅、綠、藍三種顏色。此外，每個夸克都有一個反粒子夥伴，這些粒子的顏色分別是反紅色、反綠色和反藍色，重點在於只有顏色總和抵消的組合才能以自由粒子存在。有兩種方法形成中性的夸克組合，第一種方法是由於顏色和其反顏色會抵消，所以

夸克可與其反夸克形成顏色總和抵消的一對,變成不穩定的介子。另一種方法是將三色混合使顏色總和抵消,三色各一的三個夸克可形成穩定的重子粒子,質子和中子便是例子(另外,三個反夸克可形成重子的反粒子);質子和中子是組成原子核的重子,也是宇宙中所有正常物質的基礎。

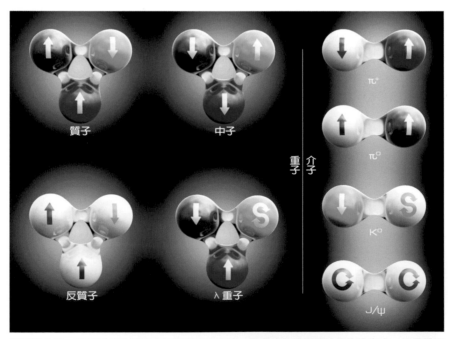

重子與介子   重子與介子是夸克以強作用力組成,當這類粒子碰撞時會交換夸克,但是看不到個別夸克的存在。

　　QCD 還有一種稱為「漸近自由」（asymptotic freedom）的特性，第三章曾經提過，但沒有說出名稱。漸近自由指夸克之間的強作用力會隨著彼此靠近而變小，若是距離愈遠則強作用力愈強，好像是用橡皮圈束縛在一起般。漸近自由的特性說明了為何在自然界中看不見獨立存在的夸克，而且也無法在實驗裡製造出單個夸克。不過，雖然觀察不到個別的夸克，但是人們仍然接受這個模型，因為夸克模型能夠成功解釋質子、中子和其他物質粒子的行為。

　　在統一弱作用力與電磁力之後，1970 年代的物理學家試圖將強作用力帶進理論中。有許多所謂的大統一理論（grand unified theory, GUT）將強作用力與弱作用力、電磁力統一，但是大都預測質子應該平均會在 10^{32} 年之後衰變。這生命期實在非常長，因為宇宙不過只有 10^{10} 年而已。但是在量子物理中，粒子的平均生命為 10^{32} 年，並不是說大多數粒子都存在約 10^{32} 年。而是說，粒子每年有 10^{32} 分之一的機會發生衰變，因此如果有一個水槽裝著 10^{32} 個質子，只要觀察幾年應該看得到一些質子發生衰變。要建造這種水槽並不太難，因為一千噸的水便

含有 10^{32} 個質子。科學家已經做過類似的實驗，但是他們發現要區分這種衰變和無所不在的宇宙射線干擾並不容易。為了將噪音降至最低，於是將實驗搬到地底下，例如日本神岡礦業公司在山下三千二百八十一呎深的礦坑，可避開宇宙射線的影響。根據 2009 年的觀察，研究人員的結論指出如果質子真的會衰退，那麼生命週期大於 10^{34} 年，為大統一理論帶來壞消息。

因為早期的觀察證據不支持 GUT，所以大多數物理學家改採的「標準模型」理論是個多種理論的雜燴，其中包含強作用力理論的 QCD 和電弱力理論。但是在標準模型中，電弱力和強作用力是分別作用，並未統一。標準模型非常成功，並吻合目前所有的觀察證據，但是在根本上它並不能令人滿意：不只因為它未能統一電弱力與強作用力，且更未包含重力在內。

要將強作用力與電磁力和弱作用力合併是有困難的，但是比起將重力與其他三種作用力合併在一起的難度，就不算什麼了。即便要單獨創造重力量子理論也是困難重重，這點與海森堡的測不準原理有關（見第四章）。雖然看起來並不明顯，但事實上場的強弱與其變化速度所扮演的角色，和測不準原理中

談到粒子位置和速度的關係一樣，也就是說當一個愈確定，另一個便愈不確定。其中一項重要的結果，便是沒有所謂「完全真空」這回事，因為「空無一物的空間」意味著場強度與變化率兩者都確定為零。（如果場變化率不是零，則空間不會維持空無一物。）因為測不準原理不允許場強度與變化率同時確定，所以空間永遠不會是虛空的，而會有最低的能量態，稱為真空態。但是這種狀態會受到量子振動或真空起伏的影響，也就是粒子與力場瞬間出現又消失的作用。

我們可以將真空起伏想成是粒子對在某個時間一起出現、分開、重合而又彼此消滅的現象，在費曼圖中來說相當於封閉迴圈。這些粒子稱為虛擬粒子，它們不像真實的粒子，無法以粒子偵測器直接觀測，不過可以測量到間接效應，例如電子軌道上能量的微小變化，而且與理論預測有驚人的吻合。問題在於，虛擬粒子具有能量，因為有無限的虛擬粒子對，就會有無限的能量。根據廣義相對論，這意味著它們會讓宇宙彎曲到無限小的程度，但這明顯不是事實！

無限大的毛病也出在強作用力、弱作用力和電磁力的理論

上，不過後來這些理論都能靠重正化除去無限大的問題。但是在重力費曼圖中的封閉迴圈所產生的無限大，無法用重正化吸收，因為在廣義相對論中沒有足夠的重正化參數（如質量和電荷值）來移除理論中所有的量子無限值。因此，我們得到的重力理論預測某些量（如時空彎曲）是無限大，根本不可能成為適合居住的宇宙。這表示要得到一個像樣的理論，唯一的可能是在沒有重正化的幫助下，就讓所有無限大的項都抵消。

1976 年對於這項問題找到一個可能的解決之道，稱為超重力理論。前面加上「超」字，並不是因為物理學家覺得這個量子重力理論或許行得通，所以很「超級」，而是指理論所具有的「超對稱性」。

在物理學上，若是一個系統在經過某種轉變（如旋轉或鏡像）之後，其特質未受影響，則稱該系統具有對稱性。例如，將一個甜圈圈翻過來，看起來會完全一樣（除非上面一層沾有巧克力，那最好還是吃掉就算了）。超對稱則是一種更為微妙的對稱，與平常空間中的翻轉並無相關。超對稱的重要例子是作用力粒子與物質粒子的對稱，因此作用力和物質只是一體兩

面而已。實際上來說，這代表每個物質粒子（如夸克）應該有一個作用力粒子的夥伴粒子，而每個作用力粒子（如光子）應該有一個物質粒子的夥伴粒子。這可能有解決無限性問題的希望，因為作用力粒子封閉迴圈的無限性為正值，而物質粒子封閉迴圈的無限性為負值，所以在理論中，因作用力粒子和夥伴物質粒子所產生的無限常會彼此抵消。不幸的是，在超重力理論中要找出有沒有無限未被抵消的數學運算又臭又長，出錯的機會極大，所以沒人想幹。不過大多數物理學家相信，超重力理論很可能是解決統一重力與其他作用力問題的正確答案。

你或許會覺得查證超對稱理論是否成立很簡單，只要檢視既存粒子的特性並看它們是否成對即可。然而，現在並未觀察到這類夥伴粒子的存在，但是經由物理學家的計算顯示，夥伴粒子至少應該比質子的質量大上一千倍。目前的實驗還無法看到這麼重的粒子，但是可望最終能在日內瓦大型強子對撞機創造出來。

超對稱的想法是創造超重力理論的關鍵，但事實上這個概念早些年便由研究弦論（String Theory）的理論家提出。根據

弦論，粒子不是點而是一種振動模式，有長度但沒有高度或寬度，像是無限細長的弦。弦論也會產生無限大的量，但許多人相信在正確的理論中無限大將會抵消掉。弦論還有一個不尋常的特徵，那便是主張時空有十維度，而非平常的四維度。十維度或許聽來讓人亢奮，但是如果忘了將車停在哪裡，問題可就大了！不過，如果這些額外的維度果真存在，為什麼我們沒注意到呢？根據弦論，額外的維度會捲曲成極小的空間。為了方便想像，可以先以二維平面為例；之所以稱平面為二維，是因為需要兩個數字（例如水平與垂直座標）才能標示平面上任一點的位置。另一種二維空間是吸管表面，在上面標示位置時，需要知道該點在吸管長度的位置和位於圓周何處；但是如果吸管非常細，那麼只要知道吸管上的長度方向座標，大概就可以獲得很接近的位置，而不必管圓周座標為何。而如果吸管的直徑只有 $1/10^{30}$ 吋的話，根本就不用注意圓周了。這正是弦論理論家對於額外維度擁有的圖像，因為它們極度彎曲（或捲曲），尺度小到我們看不見。在弦論中，額外的維度捲曲成所謂的「內空間」，與日常生活所經歷的三維空間並不同。這些

吸管與直線　吸管是二維度，但若直徑夠小，或是從遠處看，將會像是一維度的直線。

　　內空間並不是完全隱藏的空間，被掃到地毯下面看不到，而是具有重要的物理意義。

　　除了維度的問題之外，弦論還面臨一個尷尬的情況，因為至少有五種不同的理論，以及百萬種將額外維度捲起來的方式，對於主張弦論是**獨一無二**萬物理論的人士來說，這些不可勝數的可能性真是難堪啊！然而大約在 1994 年左右發現了「二象性」，也就是不同的弦論和將額外維度捲曲的不同方法，其實只是描述四維度空間裡相同現象的不同方式而已，而且人們又發現超重力理論與其他理論的關係也是這種情況。弦論家現在相信，五個不同的弦論和超重力理論都只是一個更基本的理論之不同近似而已，每種理論各自適用於不同的情況。

　　這個更基本的理論便是前面提過的 M 理論。似乎沒有人知道 M 代表什麼意思，可能是 master（主）、miracle（奇蹟）或 mystery（神祕），又似乎三者全是。人們仍在嘗試解譯 M 理論的本質，但那或許永遠也辦不到。也許物理學家傳統上對單一理論的期待是一廂情願，所以沒有單一表述的存在。也許要描述宇宙時，必須在不同情況適用不同的理論，每個理論都擁有各自的真實，根據模型相關真實論，只要這些理論在相疊範圍內的預測都一致或都適用的話，那便可以接受。

　　不管 M 理論是否為單一表述，或者是一個網絡，我們確實知道它的一些特性。首先，M 理論有十一個時空維度，而不是十個維度。弦論家長久以來便猜測十維度的預測可能必須調整，最近的研究顯示確實有一個維度被先前的研究忽略了。同時，M 理論不單可包含振動的弦，也可包含點粒子、二維薄膜、三維團狀物，以及其他更難想像與占有更多空間維度的物體，包括到九維度，這些物體稱為 p 維膜（p 從零到九）。

　　對於額外的維度捲曲到極小的狀態有無限種不同方式，究竟該怎麼辦呢？在 M 理論中，額外的空間維度並不能夠以任

意方式捲曲，M 理論的數學限制內空間維度能夠捲曲的方式，內空間的確切形狀決定物理常數值（如電子電荷），以及基本粒子的交互作用本質，也就是說會決定自然界的外觀法則。之所以說「外觀」法則，是指在我們這個宇宙中觀察到的法則，例如四個作用力法則，以及基本粒子的質量與電荷等參數，但是更基本的法則是 M 理論的法則。

因此，M 理論的法則容許**不同的宇宙**擁有不同的外觀法則，端視內空間如何捲曲而定。M 理論的解答容許無數不同的內空間，也許高達 10^{500} 個，這意味著它容許 10^{500} 個不同的宇宙，每一個都擁有自己的法則。這究竟多到什麼程度呢？可以這麼想：若是有外星人用百萬分之一秒便可分析並預測一個宇宙的法則，又從大霹靂開始工作的話，那麼到目前為止才研究到 10^{20} 個宇宙而已，更何況還沒有納入喝咖啡的休息時間呢！

幾百年前牛頓揭示，數學方程式能夠對天上地下的物體交互作用方式提供正確度驚人的描述。這讓科學家相信，如果知道正確的理論並具備超強的計算能力，整個宇宙的未來將在眼

前開展。結果出現量子測不準原理、彎曲空間、夸克、弦和額外維度等等，最後淨輸出居然是 10^{500} 個宇宙，各有不同的法則，卻只有一個是我們知道的宇宙。物理學家原本希望能產生單一理論解釋這個宇宙的外觀法則，將它們當成是幾個簡單假設所產生的獨特結果，現在這種希望可能破滅。那麼還剩下什麼呢？如果 M 理論容許 10^{500} 套外觀法則，我們為何會在這個宇宙中，為何有這些外觀法則呢？至於其他可能的世界，又是怎麼回事呢？

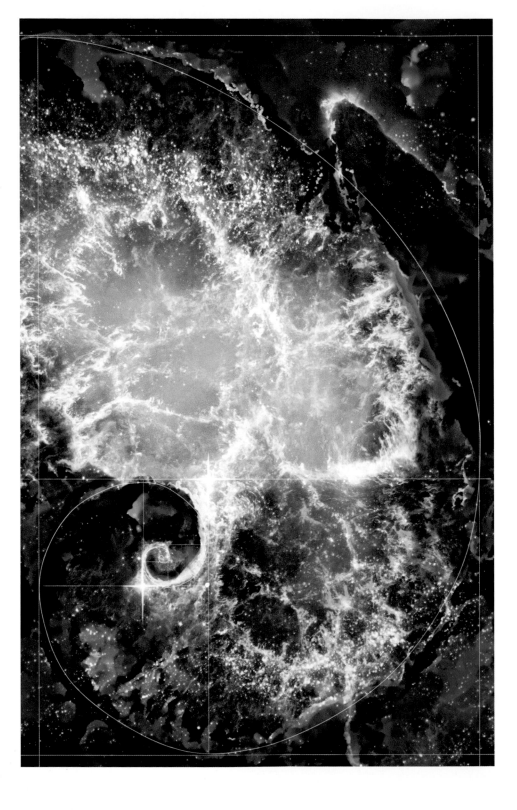

6.

CHOOSING OUR
UNIVERSE
選擇我們的宇宙

中非的波桑哥人（Boshongo）有一則傳說，太古之初只有黑暗、水以及偉大的天神奔巴（Bumba）。有一天奔巴胃痛劇烈，吐出了太陽；太陽將一些水曬乾，露出了陸地。但是奔巴還是不舒服，又再繼續嘔吐，結果出現了月亮、星辰以及一些動物如豹、鱷魚、海龜，最後是人。墨西哥和中美洲的馬雅人對於世界創生之前也有類似的故事。在馬雅的傳說中，太初之際只有大海、天空和創世主存在，創世主並不快樂，因為沒有人讚頌祂，於是創造了大地、山林樹木以及大多數動物，但是動物不會說話，所以祂決定創造人類。一開始祂用泥土造人，但是泥人只會胡言亂語，於是祂讓泥人溶解再試一次。第二次用木頭造人，但是木頭人呆呆笨笨，於是祂又想毀掉木頭人，結果它們逃往樹林裡，一路上跌跌撞撞而稍微變形，結果變成了現在的猴子。再度失敗後，創世主最後終於想出一個好點子，祂用黃、白玉蜀黍造出第一批人類。今天我們會用玉米釀酒，但是成就遠遠不及創世主能夠製造出會喝酒的人類呢！

上述這類創世神話都在嘗試回答本書想要探討的問題：為

什麼有宇宙呢？為什麼宇宙是現今這副模樣？我們探討這類問題的能力自古希臘人以來便一直在進步，尤其在 20 世紀更是有十足的進展。現在有了前面章節的知識，已經能夠對上述問題提出可能的答案了。

　　不過有一件事情在老早以前便很明顯了，即宇宙要不是剛創生，就是人類存在的時間只占宇宙年齡極短暫的部分。因為人類的知識與科技進展都十分快速，如果人類已經存在幾百萬年，那麼對各方面的了解早就不僅如此了。

　　根據舊約，上帝在世界誕生之後第六天便創造了亞當和夏娃。愛爾蘭大主教烏舍爾（Ussher，1625–1656 年在任）更指定世界起源於西元前 4004 年 10 月 27 日早上 9 點。本書秉持不同的觀點，認為人類誕生是相當新近之事，而宇宙本身則起源更早，約在一百三十七億年前。

　　1920 年代，首度出現宇宙具有開端的科學實證。在第三章提過，當時大多數科學家都相信有一個永恆存在的靜態宇宙，然而根據哈柏在帕薩迪娜威爾遜山利用一百吋望遠鏡所得到的間接證據顯示，事實恰恰相反。哈柏分析星系光譜，結果

發現幾乎所有星系都正在遠離地球，而且愈遙遠的星系遠離速度愈快。他在 1929 年提出星系後退速度與距離的法則，做出宇宙正在擴張的結論。若這是真的，宇宙過去一定是非常小。事實上，如果回推到遙遠的過去，宇宙中所有物質和能量都集中在一個極小的區域，其密度和溫度都是高到不可思議。若是回推到最久之前，會有一切開始的時間，這起事件稱為大霹靂。

　　宇宙正在擴張的想法有一點微妙難懂。例如，宇宙正在擴張的情況並不像是將房子打掉擴建，在原本是大橡樹的地方加蓋一間新浴室。空間本身並沒有向**外面**擴大，而是宇宙**內部**任何兩點的距離會擴大。這個想法是在 1930 年代於爭議之聲中浮現，但是最容易讓人明白的方法，卻是 1931 年劍橋大學天文學家愛丁頓（Arthur Eddington）提出的一個比喻。愛丁頓將宇宙比喻成膨脹氣球的表面，將所有星系比喻成氣球表面上的點。這種方法清楚顯示為何愈遙遠的星系，會比愈近的星系遠離得更快，例如若氣球的半徑每小時加一倍，那麼任何兩個星系之間的距離也會每小時加一倍。如果兩個星系在某個時間相距一吋遠，一小時之後會變成二吋遠，也就是以每小時一吋的

氣球宇宙　遠方星系遠離地球的情況，可以將全宇宙看做是在一個巨大氣球的表面。

速率相對移動。但如果兩個星系開始時是相距二吋遠，那麼過了一小時之後會相距四吋遠，也就是以每小時二吋的速率彼此遠離。這正是哈柏的發現：當一個星系相距愈遙遠，則離開我們的速度會愈快。

另外很重要的一點是要了解到空間擴張不會影響物質物體的大小；所謂的物質物體，是像星系、恆星、蘋果、原子等等由某種作用力結合的物體。例如，若將氣球上的一群星系圈起來，那個代表星系大小的圓圈將不會隨氣球擴張。相反地，因為星系受到重力束縛，所以圓圈和裡面的星系在氣球擴張時，

將會保持原有的大小和形狀。這點相當重要，因爲唯有在測量儀器具有固定大小時，才能偵測到擴張。如果萬物都在擴大，包括我們、量尺和實驗室等等都會呈正比擴張，那麼將不會注意到任何差異了。

　　宇宙正在擴張之事對於愛因斯坦來說是新聞，但是就在哈柏論文出現的幾年前，理論界已經從愛因斯坦的方程式推導出星系正在彼此遠離的可能性了。1922 年，俄國物理學家兼數學家弗里德曼（Alexander Friedmann）即根據兩項能簡化計算的假設，研究這種宇宙模型的性質。這兩項假設爲：宇宙在每個方向看起來都相同，而且從每個觀察點看起來都是如此。我們知道弗里德曼的第一項假設並非全然是事實（而且幸好宇宙不是處處均勻的！），因爲抬頭注視某個方向或許會看到太陽，在另一個方向也許能看到月亮或是大群遷徙的吸血蝙蝠。但是從更大的尺度上看（比星系之間的距離更大的尺度），宇宙大致上確實是均勻的；好比是往下看一片森林，若距離夠近或許可以看到樹葉，或至少能看到樹木與林隙，但是如果爬得相當高的話，伸出拇指便能遮蔽一平方哩的樹木，讓森林看起

來有如一片綠蔭，在這種尺度上可說森林是一致均勻的。

　　基於這些假設，弗里德曼找到愛因斯坦方程式的一個解答，而這種宇宙的擴張方式正和後來哈柏所觀測到的一樣。弗里德曼的宇宙模型從零開始，一直擴張到重力的吸引讓它變慢，最後宇宙自己發生崩塌。（愛因斯坦的方程式還有另外兩個解答，同時也滿足了弗里德曼模型的假設：一是宇宙會永遠擴張下去，不過速度會稍微減慢；一是宇宙的擴張速度會減慢接近於零，但永遠不會變成零。）弗里德曼在做出這項研究後幾年便過世了，一直到哈柏的發現之後，還是沒有太多人知道他的想法。但是在 1927 年，一位羅馬天主教神父兼物理學家勒梅特（Georges Lemaître）提出一個類似的想法：如果回溯宇宙的歷史，宇宙會變得愈來愈小，直到誕生之刻，那便是今日所說的大霹靂了。

　　並不是每個人都喜歡大霹靂的說法。事實上，「大霹靂」一詞是 1949 年劍橋大學天文物理學家霍伊爾（Fred Hoyle）所發明，他本人相信一直持續穩定擴張的宇宙，發明這個詞帶有貶損之意。支持大霹靂想法的直接證據，得要到 1965 年發現

太空遍布微弱的微波背景時才出現。宇宙微波背景輻射（cosmic microwave background radiation, CMBR）跟家中微波爐裡的輻射一樣，但沒有那麼強。打開電視轉到未使用的頻道，也可以觀察到 CMBR，因為螢幕上白色雜訊的百分之幾便是它造成的。這種輻射是由貝爾實驗室兩名科學家意外發現的，他們想要清除微波天線上的雜訊，本來以為那是鴿糞掉在儀器上所造成，結果發現雜訊的來源更為深遠，那就是 CMBR。CMBR 在大霹靂之後不久即出現，是早期稠密高溫的宇宙所遺留下來的輻射。隨著宇宙擴張漸漸冷卻，直到變成今日觀察到的微弱殘餘輻射。目前這種微波只能將食物加熱到攝氏零下二百七十度（絕對溫度三度），根本別想用來爆玉米花了。

　　天文學家也發現其他支持大霹靂之說的證據，肯定早期宇宙確實是極端稠密高溫的地方。例如在第一分鐘內，宇宙比一般恆星的內部更熱，整個宇宙就是一座核融合反應爐。當宇宙擴張並經冷卻到一定程度後，核融合反應便會停止，但是理論預測後來的宇宙主要會以氫組成，但也有大約百分之二十三融合而來的氦，還有一些鋰（比鋰更重的元素則是後來在恆星內

部形成），這份數字正好符合如今觀察到氦、氫與鋰的比例。

　　由於測量到氦含量和 CMBR，成為支持初生宇宙為大霹靂的有力證據。不過，雖然可以把大霹靂之說當成是宇宙初期的有效描述，但是直接將大霹靂（基於愛因斯坦的理論）視為宇宙**起源**的真實圖像並不正確。因為廣義相對論預測在某一個時間點，宇宙的溫度、密度和曲率都是無限大，數學家稱此為奇異點。對物理學家來說，這意味著愛因斯坦的理論在奇異點失效，因此不能用來預測宇宙如何開始，只能預測宇宙後來如何演變。所以，雖然可以利用廣義相對論方程式與天體觀察來研究宇宙初生之際，然而將大霹靂圖像運用到宇宙創生時刻卻是不對的。

　　本書很快就會談到宇宙起源的課題，但是首先介紹宇宙擴張第一階段的一些詞彙。宇宙擴張第一階段稱為暴漲（inflation），除非是住在辛巴威這個通貨膨脹超過百分之二億的國家，否則 inflation 一詞聽起來好像不太具有爆炸性。不過，即使是最保守的估計，在宇宙暴漲的期間，宇宙擴張速度也達到每 0.000000000000000000000000000000000001 秒　便　擴　張

1,000,000,000,000,000,000,000,000,000,000 倍！這好比是直徑一公分的硬幣，突然間暴增到銀河寬度的一千萬倍。看起來似乎違反了相對論，因爲沒有東西可以移動得比光還快，但是光速限制不適用在空間本身的膨脹。

　　宇宙可能發生暴漲的想法首見於 1980 年，所依據的理論超越愛因斯坦的廣義相對論，而是以量子理論爲基礎。由於目前尚未有一個完整的量子重力理論，相關細節仍待研究，且物理學家也未十分確定宇宙暴漲如何發生，但是根據量子理論，暴漲所形成的宇宙擴張並不像傳統大霹靂圖像的預測一樣**完全**均勻。這些不規則會造成CMBR在不同方向的溫度微小變化，但是因爲變化太過微小，在 1960 年代還無法觀測到，第一次是 1992 年由美國太空總署 COBE 人造衛星發現，2001 年發射的 WMAP 人造衛星也進行了測量。現在，可以確定宇宙暴漲眞的發生。

　　諷刺的是，雖然 CMBR 的微小變化是宇宙暴漲的證據，然而讓「暴漲」成爲重要概念的一項理由，是因爲 CMBR 的溫度幾近完美的均勻。若是物體某部分比周圍溫度更高，經過

一段時間後溫度高的地方會變冷，而周圍的溫度會變熱，直到物體的溫度一致為止。同樣地，也可預期宇宙最終會達到一致的溫度，但是這個過程需要時間。如果我們接受溫度傳遞速度不超過光速的話，會發現若宇宙未曾發生暴漲，將不會有足夠的時間讓廣大的地區溫度皆達均等。宇宙早期快速擴張（比光速更快）的時期會解決這個問題，因為要讓暴漲前極微小的早期宇宙達到均溫，只需要極少的時間。

暴漲解釋了大霹靂中的「霹靂」，至少它所代表的擴張比廣義相對論下傳統大霹靂理論所預測的擴張更為極端。問題是若要讓理論上的暴漲模型成立，宇宙的初始狀態需要設定在一個極為特別又極不可能的情況。因此傳統的暴漲理論解決了一類問題，卻又創造另一類問題，也就是需要一個極為特別的初始狀態。而這個「時間零」的問題，在接下來要談到的宇宙創生理論中除去了。

既然無法用愛因斯坦的廣義相對論來描述宇宙創生，所以如果想描述宇宙起源，必須用一個更完整的理論來取代廣義相對論。縱使廣義相對論未在宇宙創生那刻瓦解，我們還是需要

一個更完整的理論，因爲廣義相對論並未解釋受量子理論支配的小尺度物質結構。第四章談到，就實際層面來說，量子理論對於研究大尺度宇宙結構並沒有太大影響，因爲量子理論適合在微觀尺度上描述自然界。但如果回溯到最初宇宙小如蒲朗克尺寸（只有 10^{-33} 公分大小）之際，該尺度確實需要以量子理論來思考。因此雖然目前尚未有完整的量子重力理論，但是已經確定宇宙起源是一起量子事件。所以，正如我們（至少暫時地）結合廣義相對論與量子理論而推導出暴漲理論，若想要更進一步了解宇宙起源，必須將對廣義相對論和量子理論的認識相結合。

要明白其中的道理，首先必須了解重力會彎曲時間和空間。空間彎曲比時間彎曲更容易想像，將宇宙想像成撞球檯的表面，（至少在二維平面上）檯面是平坦的空間。如果在檯面滾動一顆球，球將會以直線前進，但是如果桌面彎曲或是某些地方凹陷（如下頁插圖所示），那麼球的路徑便會轉彎。

在這個例子中很容易了解撞球檯如何彎曲，從圖中便可以看到它是向第三維度彎曲。但是因爲我們無法跨出自己的時空

空間彎曲　物質和能量會彎曲空間，改變物體的路徑。

到外面檢視彎曲，所以比較難想像所處宇宙的時空彎曲。不過，即使無法跨到外面從更大的空間來檢視自己所處的宇宙，仍然可以偵測到彎曲，因為在空間內部便可進行偵測。想像有一隻顯微尺寸的螞蟻被限制在檯面上，雖然它無法離開撞球檯，但卻可以靠仔細計算距離來偵測彎曲的存在。例如，平面上一個圓周長大約是直徑的三倍多（π），但是如果螞蟻所量的圓包括這凹洞時（如上圖所示），當它想穿過直徑時，將會發現距離比想像中的遠，比圓周長的三分之一更遠。事實上，如

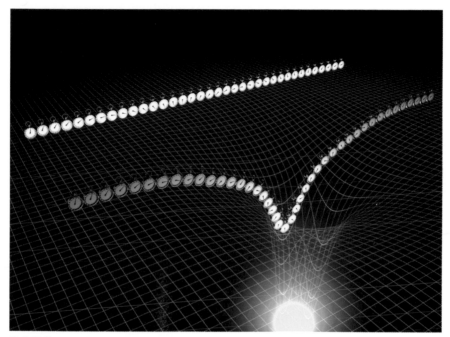

時空彎曲　物質與能量會彎曲時間，造成時間維度與空間維度產生「混合」。

果洞夠深的話，螞蟻將會發現圓周長的距離會比直徑距離**更短**。我們宇宙的彎曲也是相同的情形，會拉長或縮短空間中兩點的距離，也就是說當幾何形狀改變時，在宇宙內部便可偵測到。時間彎曲會造成時間間距的延長或縮短，也是類似的方式。

明白這些道理後，讓我們回到宇宙起源的問題。如果牽涉到低速度與弱重力時，可以將時間和空間分開討論。但是，原則上時間和空間會交織一體，所以其延伸與縮短也涉及某種程度的混合。這種混合在早期宇宙很重要，也是了解時間起源的

鎖鑰。

　　時間起源的問題有點像是世界邊緣的問題。以前人們認為世界是平的，好奇航行到海洋盡頭時是否會往下掉落。這點早已眞相大白，只要繞著世界跑一圈便將發現並不會往下掉落。所以，當人們明白世界並非平面而是彎曲時，在世界邊緣會發生什麼事情的問題便消失了。然而，時間的情況比較像是火車軌道，如果時間有一個開始，應該要有一個人（即上帝）讓火車啓動。雖然愛因斯坦的廣義相對論將時間和空間統一爲時空，並使兩者產生某種程度的相混，然而時間仍然有別於空間，時間或者有開始與結束，或者會永遠前進。不過，一旦將量子理論的效應加到相對論裡，在極端的情況下會產生極端的彎曲，讓時間表現得像空間的另一個維度。

　　在早期宇宙中（指宇宙小到同時受廣義相對論與量子理論支配時），實際上有四個空間維度，而沒有時間的存在。這意味著當談到宇宙「開始」時，我們繞過一個棘手的問題（回推宇宙最初的情況），那個時刻我們所知道的時間並不存在。我們必須接受一般時間和空間的想法並不適用於最早期的宇宙，

這超越了日常經驗，但卻未超越我們的想像或超越數學。如果在早期宇宙中，四個維度都表現得像空間，時間是怎麼開始的呢？

　　明白時間可以當空間的另一個維度，代表我們能擺脫時間有一個開端的問題，正如同可以擺脫世界邊緣的問題一樣。假設宇宙開端像地球南極，以緯度做為時間。當往北移動時，緯度圈（代表宇宙大小）會擴大。宇宙在南極以一個點開始，但是南極就像是任何點一樣，詢問宇宙開始之前發生什麼事情並沒有意義，因為南極之南沒有什麼東西存在。在這幅圖像中，時空沒有邊界，相同的自然法則在南極和其他地方都成立。同樣地，當將廣義相對論與量子理論結合時，宇宙開始之前發生什麼事情的問題也會變得沒有意義。這種主張歷史應是封閉表面而無邊界的想法，稱為無邊界條件。

　　長久以來，許多人（包括亞里斯多德）都相信宇宙必定一直存在，才能避開如何開始的問題。也有人相信宇宙有一個開端，並用來做為支持上帝存在的論據。理解時間表現得有如空間一樣，代表一個新的選擇，既避開了長期以來對宇宙具有開

端的攻擊，同時也意味著宇宙開端受到科學法則支配，並不需要由天神啟動發條。

如果宇宙起源是一起量子事件，應該可由費曼的歷史總和論做正確描述。雖然，要將量子理論應用到整個宇宙（即觀察者也是受觀察系統的一部分）卻不是那麼容易。在第四章看到當物質粒子朝兩道狹縫發射時，會在屏幕上形成水波般的干涉圖案。費曼指出，這是因為粒子並未具有一個獨特的歷史所造成，也就是說當粒子從起點 A 到終點 B 時，並未採取一條特定的路徑，而是同時採取兩點之間每條可能的路徑。從這種觀點來看，干涉現象並不意外，因為一個粒子便可以同時穿過兩道狹縫而自己形成干涉。就一個粒子的運動來看，費曼的方法指出在計算任何特定終點的機率時，必須考慮該粒子從起點到終點之間所有可能的歷史。同樣地，也可運用費曼的方法來計算對宇宙觀察的量子機率，當適用在宇宙整體上時並沒有 A 點（起點），所以我們將所有滿足無邊界條件且最後演變成今日所觀察到的宇宙歷史相加。

在這個觀點中宇宙是自發出現，並向每種可能的方式演

化。這些演進方向絕大部分朝向其他宇宙，雖然有些宇宙與我們的宇宙相似，但是大多數宇宙都極為不同，不僅是在小地方有所不同，例如貓王是否英年早逝，或者蘿蔔是否用來做甜點，甚至連自然界的外觀法則也不同。事實上，許多宇宙以許多不同套的物理法則存在，有些人把這搞得很神祕，有時稱為多重宇宙，但其實只是費曼歷史總和論的不同表示而已。

　　為了便於想像，現在修改一下愛丁頓所做的氣球宇宙比喻，將擴張的宇宙想成泡泡的表面，那麼我們對宇宙自然量子創生的想像便有點像是滾水裡形成的成串小泡泡了。首先，有許多微小的泡泡出現，然後又消失，這些泡泡代表擴張的迷你宇宙，但是在顯微大小時便崩塌不見了。它們代表可能的替代宇宙，但是沒有太大的意義，因為持續不夠久，無法發展出星系和恆星，更不用說智慧生物了。不過，極少的小泡泡會增長到免於崩塌的地步，它們會以愈來愈快的速度持續擴大，形成我們能夠看見的成串泡泡。這些相當於以加速擴張開始的宇宙，換句話說便是處於暴漲狀態的宇宙。

　　如前面提過，由暴漲引起的擴張將不會完全均勻。在歷史

多重宇宙　量子起伏造成小宇宙無中生有，少數達到關鍵大小，然後暴漲擴張，形成星系、恆星以及至少一個有類似我們的生物生存的星球。

總和中，只有一個完全均勻與規律的歷史，它擁有最高的機率，還有許多歷史只有些微的不規律，其機率也相當高。這就是為何暴漲理論預測早期宇宙可能只有些微不均勻，呼應CMBR 只觀察到溫度有些微變化。為什麼呢？在攪拌咖啡時，均勻是一件好事，但是均勻的宇宙卻是無聊的宇宙。早期宇宙不均勻之所以重要，是因為如果某些區域比其他區域的密度稍微高些，額外密度所產生的重力會減緩該區域的擴張。當重力

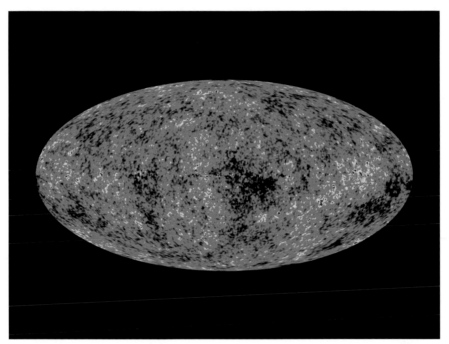

宇宙微波背景　這張天空背景圖是用 WMAP 在 2010 年公布的七年觀測資料繪製而成，顯示溫度起伏（以不同顏色表示）可回溯到一百三十七億年前。圖中出現的起伏相當於不到攝氏千分之一度的溫度變化，然而卻是宇宙中的種子，最後擴大演變為星系。（資料來源：美國太空總署／WMAP 科學小組）

慢慢將物質拉近時，物質最後會收縮而形成星系和恆星，再演化出行星，以及至少出現在地球的人類。所以仔細看微波背景圖，這是宇宙所有結構的藍圖，我們是最初宇宙量子起伏的產物。如果有人有宗教信仰，應該說上帝確實會玩骰子。

　　這個想法帶來一種嶄新的宇宙觀，與傳統概念大為不同，使我們需要重新調整對宇宙歷史的想法。宇宙學為進行預測，必須計算目前整個宇宙在不同狀態的機率為何。在物理學上，

通常是假定一個系統的初始狀態，然後用相關的數學方程式往後推演其發展，亦即給定一個系統在某個時刻的狀態，然後計算該系統後來在某個不同狀態的機率為何。在宇宙學上，通常是假定宇宙具有單一明確的歷史，可以使用物理法則計算這個歷史如何隨時間發展，此種方法稱為宇宙學研究的「由下而上」。但是因為我們必須將費曼歷史總和論主張的宇宙量子本質考慮進來，所以宇宙現今處於一個特定狀態的機率大小，是將所有滿足無邊界條件並到達現今特定狀態的歷史相加而得。換句話說，在宇宙學中不應該用「由下而上」來追尋宇宙歷史，因為那假定只有單一歷史，具有明確的起點和演化。相反地，應該以「由上而下」追溯歷史，也就是從現在往回推演。有些歷史比其他歷史的機率更高，而總和通常由單一歷史所主宰，它以宇宙創生開始，最後達到目前研究的狀態。但是在當前這一刻，宇宙不同的可能狀態將會有不同的歷史，這會對宇宙學與因果關係帶來革命性觀點，因為加進費曼總和的歷史並不具備獨立的存在，而是從測量和觀察來決定。總之，我們以觀察創造歷史，而不是歷史創造我們。

　　你或許會想，宇宙並不具有一個獨特存在、與觀察者無涉的歷史，這個想法似乎與某些已知事實有所衝突。也許在某個歷史中，月亮是由起司製成的，但是我們觀察到的月亮並不是由起司製成（對老鼠可能是壞消息）。因此，有起司月亮的歷史並不會加入促成我們目前宇宙的費曼和，雖然它應加入其他宇宙的歷史總和。這聽起來太像科幻小說了，但實際上不然。

　　由上而下觀點的重要涵義，在於自然界的外觀法則由宇宙歷史來決定。許多科學家相信存在單一歷史，可解釋自然界的外觀法則和物理常數（如電子質量或時空維度）。但是由上而下的宇宙學研究指出，自然界的外觀法則會因不同歷史而異。

　　以宇宙的外觀維度為例，M 理論指時空有十個空間維度和一個時間維度，其中七個空間維度捲曲到極小而看不見，讓人誤以為三個熟悉的大維度便是空間的一切。M 理論有一個重要卻未解決的問題，那便是：為什麼在我們的宇宙中沒有更多的大維度存在呢？為什麼維度會捲曲起來呢？

　　許多人覺得一定是有某種機制，讓除了三個空間維度之外的其餘維度都自發形成捲曲。或者，也許所有維度開始時都很

小，但基於某種可以理解的原因讓三個空間維度擴大了，其餘維度卻沒有。然而，似乎沒有動力學上的理由讓宇宙變成四個維度。相反地由上而下的宇宙學預測，大空間維度的數目並不受任何物理原則限制，從零到十的大空間維度數目都有各自的機率大小。費曼總和允許宇宙每個可能的歷史都擁有這些數量，但是既然在我們的宇宙中觀察到三個大空間維度，那麼這項觀察就已經選擇具有這種觀察特性的次歷史了。換句話說，宇宙擁有大於或小於三個大空間維度的量子機率其實無關緊要，因為我們已經決定自己在具有三個大空間維度的宇宙裡了。只要有三個大空間維度的機率大小不完全是零，就不用管其他擁有不同維度數量的機率有多高，而自己的機率有多麼小了。這就像是問現任教宗是中國人的機率大小為何？我們已經知道他是德國人，即便中國人比德國人多，讓教宗可能是中國人的機率比較高。同樣地，已知我們的宇宙出現三個大空間維度，所以縱使其他數量的大空間維度可能有較高的機率，但我們只對有三個大空間維度的歷史感興趣。

　　那麼，捲曲維度是怎麼回事呢？請記得前面提過，在 M

理論中，其餘捲曲維度（內空間）的形狀會決定物理量值（如電子電荷）和基本粒子之間交互作用的本質（即作用力本質）。若是 M 理論允許捲曲維度只有一種形狀；或者是容許少數幾個形狀，但最後淘汰別的形狀，只剩下一種，讓自然界的外觀法則只有一種可能性，這樣事情也就簡單解決了。然而，理論家卻發現高達 10^{500} 個不同內空間都可能存在，每個都會導致不同的自然法則與不同的物理常數值。

　　如果是由下而上建立宇宙的歷史，沒有理由說宇宙最後的內空間模式可讓實際觀察到的粒子交互作用（標準模型）發生。但是根據由上而下觀點，我們接受具備各種內空間存在的各種宇宙，例如某些宇宙的電子重量直追高爾夫球，重力又比電磁力更強，而在我們的宇宙中，世界由標準模型與其所有參數描述。我們也可以根據無邊界條件，計算會導致標準模型產生的內空間之機率大小。但就像是一個宇宙具備三個大空間維度的機率問題一樣，我們不必在意可產生標準模型的宇宙相較其他機率之高低，因為我們已經觀察到描述這個宇宙的標準模型了。

　　本章談到的理論是可以進行測試的。前面的例子強調差異極大的宇宙，例如大空間維度數目不同的宇宙，其相對機率大小並不重要。但是，對於鄰近（即相似）的宇宙，相對機率大小卻非常重要。無邊界條件指宇宙開始完全均勻的歷史會擁有最高的機率，而愈不規律的宇宙其機率會減少。這代表早期宇宙幾乎是均勻的，只有些微不規則。如前面提到，這些不規律可以從天上四面八方的微波輻射中出現的微小變化而觀察到，科學家發現它們完全吻合暴漲理論的預測，然而需要更精確的測量，才能明確區別由上而下理論與其他理論的差異，也才能決定是否予以支持或推翻，這些都有賴未來的衛星計畫持續進行觀測。

　　幾百年前人們仍然認為地球獨一無二，且位於宇宙中心。如今知道在我們的星系中有幾兆顆恆星存在，其中很多具有行星系統，而我們的宇宙更有幾兆個星系存在。本章的討論指出，我們的宇宙本身也是眾多宇宙之一，我們的外觀法則也並非唯一的決定。對於期待出現一個終極的萬物理論，可藉此預測日常物理的人士來說，必定會大失所望。我們無法預測個別

的特質，如大空間維度數目，或哪種內空間決定觀察到的物理量（如電子等基本粒子的質量和電荷），而是利用這些數目選擇是哪些歷史加入了費曼總和。

我們如今似乎處於科學歷史上的關鍵點，必須改變對目標的想法，以及何謂可接受之物理理論的概念。看起來不管是按照邏輯或物理原則，對於自然外觀法則的基本數值或甚至形式都無法預測。參數可以自由擁有許多數值，而法則也可以擁有任何形式，只要導致一致的數學理論即可。而參數與法則在不同的宇宙裡，的確擁有不同的量值與不同的形式。這可能無法滿足人類對於獨特的渴望，也讓期盼發現囊括所有物理法則的單一理論的人失望，但自然之道似乎正是如此。

看起來似乎有眾多的可能宇宙存在，然而下一章將說明能夠讓人類存在的宇宙極為稀少。我們住在有生命的宇宙裡，然而只要這個宇宙稍有不同，類似我們的生命將無法存在。為什麼我們可以如此得天獨厚呢？宇宙終究是由一個仁慈的創世主所設計的嗎？科學能夠提供別的解釋嗎？

7.

THE APPARENT
MIRACLE
乍看下的奇蹟

傳說在中國夏朝時天上突然發生劇變，出現了十個太陽。地上的人們飽受炙熱煎熬，所以皇帝命令神射手后羿將多餘的九個太陽射下，並賞賜他一種長生不老之藥。但是后羿的妻子嫦娥偷偷將藥服下，犯下滔天大罪而被放逐到月亮上。

　　中國人覺得一個太陽系裡擁有十個太陽，對於人類生命並不適合的看法相當正確。今日我們知道，當任何太陽系裡出現多個太陽時，雖然做日光浴的機會十分充足，但恐怕永遠無法允許生命發展。不過理由不像中國人傳說中炙熱之苦那般簡單，事實上，行星繞行多顆恆星時，至少有短暫的期間可享受到適宜的溫度，但是生命發展所需的長時期均勻熱度，在這種情況之下卻是不可能的。要了解箇中理由，可看看最簡單的多重恆星系統，也就是有兩個太陽的雙星系統。天空中約有一半的恆星屬於這類系統，但縱使是簡單的雙星系統也只能維持某幾種穩定軌道，如右圖所示。在這些軌道中，都可能有一段時間內行星會太熱或太冷而無法維持生命，若是有許多恆星的星團，情況會更糟糕。

雙星軌道　繞行雙星系統的行星可能會有不適合居住的氣候，造成某些季節對生命過熱，某些季節卻過於寒冷。

　　我們的太陽系還有其他「幸運」的特質，而如果沒有這些特質，恐怕永遠不可能演化出複雜的生命形態。例如，牛頓定律允許行星軌道可以是圓形或橢圓形；橢圓是扁圓形，壓扁的程度以橢圓率表示，數值介於零到一之間。其數值接近零時，代表橢圓接近正圓形；數值接近一時，代表橢圓極為扁平。克卜勒曾經對行星軌道並非正圓形一事感到沮喪，但是地球軌道的橢圓率只有百分之二而已，已相當接近正圓形，結果這真是萬幸之事。

地球上季節氣候的變化模式，主要是由地球自轉軸相對於公轉面的傾斜程度所決定。例如，在北半球冬季時北極會傾斜遠離太陽，雖然這時候地球最靠近太陽，只相距九千一百五十萬哩遠，不像七月上旬時離太陽為九千四百五十萬哩遠，但是距離遠近相較於傾斜程度來說，對於溫度的影響可忽略不計。

橢圓率　橢圓率用以衡量一個橢圓接近正圓的程度。圓形的軌道有利於生命發展，至於扁圓的軌道則會產生季節溫度劇烈變化。

不過，如果行星軌道的橢圓率很大，則行星距離太陽遠近會造成更重要的影響。例如，水星的橢圓率為百分之二十，結果在近日點的溫度會比在遠日點高出攝氏溫度九十度以上。事實上，如果地球軌道的橢圓率接近一，那麼離太陽最近時海水會沸騰，離太陽最遠時海水會結凍，讓暑假和寒假都很不好過。所以，過大的軌道橢圓率對生命毫無助益，我們很幸運擁有一顆軌道橢圓率接近零的行星。

另外，在太陽質量與相距地球之間的關係上，我們也十分幸運，因為恆星的質量會決定發出多強的能量。恆星最大者質量約為太陽百倍，最小者約輕百倍，再以地球和太陽的距離來看，若是太陽比現在輕百分之二十，那麼地球會比現在的火星更冷；若重百分之二十，則會比現在的金星更熱。

傳統上，科學家在恆星附近定義出一個適合居住的狹窄區域，其溫度可容許液態水的存在。這個適合居住的區域有時候稱為「歌蒂拉克區」（Goldilocks zone），因為液態水存在的要求意味著正如歌蒂拉克的故事一樣，智慧生命發展需要行星溫度「恰到好處」。太陽系中適合居住的區域非常小，但是我們

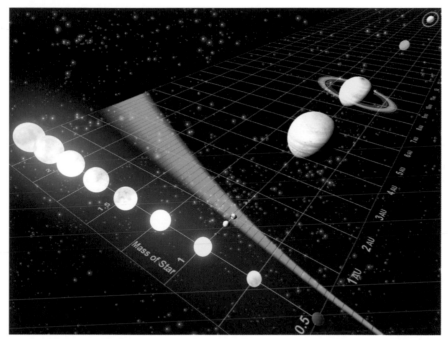

歌蒂拉克區　如果歌蒂拉克試住各個行星，將會發現只有綠色地帶才適合生命。黃色星球代表我們的太陽，白色星球更大更熱，紅色星球更小更冷。比綠色地帶更靠近恆星的行星對生命而言太熱了，然而綠色地帶之外的行星又太冷了。對於較冷的恆星來說，適合居住的地帶會比較小。

　　這些智慧生命眞是幸運，因爲地球正好落在其中呢！

　　牛頓相信，我們這個可居住的獨特太陽系並不是「純粹依自然法則由混沌中產生」，相反地，他主張宇宙秩序是「最初由上帝創造並保留至今，維持相同的狀態與情況。」了解爲何有這種想法很容易，因爲讓人類能夠存在以及這個世界適合人居的設計，一切都得靠眾多不可能之事共同配合發生才行。如果我們是宇宙中獨一無二的太陽系，肯定會讓人覺得必有蹊

蹺。但是在 1992 年，實驗觀測首次發現有另一顆行星繞行別的恆星運轉，如今已經知道數以百計這樣的行星存在，無庸置疑在宇宙數十億恆星之間還有數不盡的行星存在。讓發生在地球上的諸多巧合，例如一個太陽、相距太陽距離與太陽質量的幸運組合等等，都不再顯得那麼稀奇了，也不再是有力的證據，可支持地球是經仔細設計來滿足人類的想法。各式各樣的行星都存在，有些（至少有一個）可支持生命存在。顯然在一顆支持生命的行星上，當那裡的生物檢視周遭世界時，也會覺得自己的環境正好滿足自己存在所必需的各項條件。

　　最後一段話可以化為一項科學原則：我們自身的存在，使我們只可能在某時某地觀察宇宙。也就是說，我們存在的事實會限制我們發現自身所處環境的類型與特性，這稱為「弱人擇原理」（weak anthropic principle）。另一個比「人擇原理」更好的名稱是「選擇原理」，因為這個原則指出，我們對自己存在的認識會對觀測結果加諸限制，所有可能的環境中只選擇那些具備允許生命特質的環境。

　　雖然弱人擇原理聽起來含有哲學意味，但是可以用來做科

學預測，例如宇宙年齡有多大的問題。人類要存在，宇宙必須含有碳等元素。碳是在恆星內部燃燒較輕的元素所產生，接著碳在超新星爆炸時必須飛散到太空，最後在新一代的太陽系中凝聚成為行星的一部分。1961 年時，物理學家迪奇（Robert Dicke）主張這個程序大約要花一百億年，所以我們能站在這裡，表示宇宙至少有一百億年了。但是另一方面，宇宙也不可能超過一百億年太多，因為在很久的將來恆星的燃料將會消耗殆盡，而我們需要發光發熱的恆星才能維續生命，因此宇宙必定是一百億年左右。雖然迪奇的估計不是十分準確，但離事實不遠，因為根據現今的資料，大霹靂約發生在一百三十七億年前左右。

正如估計宇宙年齡的情況一樣，人擇原理的預測通常只對特定物理參數值給予一個範圍，而不是明確指出。這是因為人類的存在往往不需要特定的一個物理參數值，不過卻需要這個值和實際發現值差距不太遠。我們更進一步期待這個世界的實際狀況，是人擇原理容許範圍內的典型表現。例如，如果橢圓率在零到零點五之間是容許生命的範圍，那麼擁有零點一的橢

圓率應該不會太令人驚訝，因為宇宙間有相當比率的行星擁有這般小的橢圓率。然而，如果地球的軌道極為接近正圓形，也就是說橢圓率只有 0.00000000001，這會讓地球成為一顆極為特別的行星，激發我們想尋求解釋，知道自己為何住在如此不尋常的家園裡。這項想法，有時稱為平庸原理。

關於行星軌道的形狀與太陽的質量等等幸運巧合之事，皆稱為環境因素，因為都是從環境中意外產生，而非出於自然基本法則中的隨機性。宇宙年齡也是一項環境因素，因為宇宙歷史中有過去有未來，但是我們必須出現在這個時代，因為這是唯一適合生命的時代。環境巧合很容易理解，因為我們的世界只是宇宙眾多可居地之一，而我們當然必須出現在支持生命的地方。

弱人擇原理的爭議性不大，至於本書要倡導的強人擇原理，卻受到部分物理學家鄙視。強人擇原理指出，我們存在的事實不僅對我們的**環境**加諸限制，同時也對**自然法則**本身的**形式和內容**加諸限制。這個想法會出現，是因為不僅太陽系獨特的特徵對於人類生命發展出奇地有利，而且整個宇宙的基本特

性也是如此，那可就更難解釋了。

　　究竟含有氫、氦和少許鋰的原始宇宙，如何演化到一個宇宙裡面至少有一個世界容許像我們這樣的智慧生命生存？這個故事足以寫一本書。前面提到，自然作用力的運作方式，讓較重的元素（特別是碳）能夠自原始元素中產生，並且至少保持數十億年的穩定。這些重元素是在如火爐般的恆星內部形成，所以物理作用力首先要容許恆星與星系形成。而早期宇宙幾乎完全均勻，但慶幸的是宇宙密度約有十萬分之一的起伏變化，些微的不均勻形成種子，產生了恆星與星系。然而，恆星的存在和內部具有可構成我們的元素，尚不足以造成生命，宇宙動力學運作方式必須讓某些恆星最後產生爆炸，而且爆炸方式要讓較重的元素散布到太空裡。除此之外，自然法則必須令殘餘物質重新凝聚形成新一代的恆星，而被先前恆星拋出來的重元素結合成為行星，行星又環繞恆星而存在。正如同地球上必須發生特定事件才能讓生命發展，同樣地這道連鎖反應的每個鏈結對於我們的存在也屬必要。但對於產生宇宙演化的事件來說，這種發展是受到自然基本作用之間的平衡所支配，而作用

力之間的交互作用要正確，才能讓我們存在。

　　首先認識到生命可能牽涉到相當程度的隨機性的人，是1950 年代的霍伊爾。霍伊爾相信所有化學元素都是源自於氫，他認爲氫是眞正原始的物質。氫具有最簡單的原子核，是由一個質子單獨組成，或搭配一到兩個中子組成。（當元素的原子核內具有相同數目的質子，但擁有不同數目的中子，稱爲同位素。）如今知道氦與鋰也都是最初合成的元素，只是數量較少，在宇宙才剛誕生二百秒時合成。 另一方面，生命需要更複雜的元素，甚中以碳元素最爲重要，是所有有機化學的基礎。

　　雖然或許可以想像智慧電腦用非碳元素（如矽）創造出「活著」的有機體，但生命在缺乏碳的情況下能**自發**演化出來卻很令人懷疑。這裡涉及技術性理由，與碳元素和其他元素獨特的鏈結方式有關。而且，二氧化碳在室溫下是氣體，在生物學上非常有用。雖然矽在週期表中位於碳的正下方，具有相似的化學特質，然而二氧化矽（石英）雖然是好的礦石收集目標，卻對有機體的肺部沒用。或許，眞有生命形態可以靠矽維

生與演化，並在阿摩尼亞池子裡拍打扭動尾巴，但即便是這種怪物，也不能只靠宇宙最初的元素演化，因為初生元素僅能形成兩種穩定的化合物，一是無色晶體的氫化鋰，一是氫氣，但兩者都不可能複製或甚至相愛。而且，**我們**是由碳組成的生命形態，這項事實依然存在。所以問題來了：究竟碳（其原子核含有六個質子）與人體內其他重元素是如何創造出來呢？

第一步是成年的恆星開始累積氦元素，這是由兩個氫核碰撞產生核融合而成，而核融合是恆星創造能量溫暖我們的方法。接著，兩個氦原子碰撞形成鈹，鈹原子核含有四個質子。一旦鈹形成後，原則上可以再與第三個氦融合而形成碳，但實際不然，因為兩個氦核所形成的鈹同位素幾乎會立刻衰變回氦核。

當恆星即將用盡氫時，情況會發生變化，恆星的核心會崩塌，直到中心溫度上升到凱氏溫度一億度。在這種狀況下，原子核碰撞的機會更頻繁，讓有些鈹核還來不及衰變便與另一個氦核碰撞，兩者便能發生核融合而形成碳的穩定同位素。但是這樣的碳元素離高階化合生物，例如能夠品嚐波爾多紅酒、表

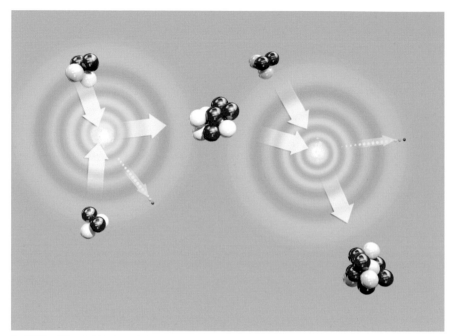

3α 過程　碳元素是在恆星內部由三個氦核碰撞產生，若不是核子物理法則的特性，恐怕不太可能發生。

演拋接火球或是追尋宇宙大哉問等等的人類，還是遙不可及。要讓這等生物存在，碳元素必須從恆星內部釋放到較友善的環境中，這必須要等到恆星在生命盡頭爆炸成爲超新星，將碳等重元素拋出，日後凝聚成爲行星才有可能。

碳生成的過程稱爲 3α 過程，因爲牽涉到的同位素氦核別名爲「α 粒子」，而整個過程總計需要三個 α 粒子融合才行。一般的物理學預測，經由 3α 程序產生碳的機率應該相當小，霍伊爾注意到這點，於 1952 年預測鈹核和氦核的總能量必須

幾乎等於所形成的碳同位素的某個量子能階，這種情形稱爲共振，可大幅提高核反應的比率。當時並不知道碳存在這個能階，後來加州理工學院的福勒（William Fowler）根據霍伊爾的假設進行研究，終於發現此一能階，對於霍伊爾在如何創造複雜原子核的觀點提供了重要的佐證。

霍伊爾寫道：「我相信任何檢視這些證據的科學家都會推出同樣結論，肯定核子物理法則係對於恆星內部核反應所特別設計的。」當時，人們對核子物理知識有限，所以無法了解這些精確的物理法則會產生強大的隨機性。但近年來物理學家在檢視強人擇原理的有效性之際，開始自問：如果自然法則有所不同，那麼宇宙將是何種面貌呢？今日可以建立電腦模型，得知在不同強度的自然基本作用力下，3α 反應的速度爲何。結果計算顯示，只要強作用的強度改變百分之零點五，或是電磁作用力的強度改變百分之四的話，將會幾近摧毀每顆恆星裡全部的碳原子或氧原子，連帶也摧毀了生命產生的希望。可以說，只要稍稍改變宇宙的規則，我們存在的條件就會消失殆盡了。

我們可以系統性地變更物理理論，檢視模擬宇宙來研究物

理法則產生的效果。結果發現，不僅強作用力和電磁力簡直是為我們量身打造，物理理論中大部分的基本常數也顯得「十分宜人」，因為只要稍加改變，宇宙本質就會截然不同，在許多情況中變得不適合生命發展。例如，如果弱作用力更加微弱，那麼早期宇宙中所有的氫原子都會變成氦，也就不會出現正常的恆星了。而弱作用力如果變得更強，那麼爆炸的超新星將無法推開外層，也就無法在星際間撒滿重元素的種子，幫助行星讓生命開花結果。如果質子比現值更重百分之零點二，將會衰變成為中子，原子就變得不穩定。如果組成質子的夸克總質量改變百分之十，組成我們的穩定原子核將大幅減少；事實上，夸克的總質量幾乎是讓最高數目的穩定原子核得以存在的最佳值。

如果行星必須待在穩定的軌道上長達數億年之久，生命才得以發展演化，那麼顯然現今空間維度的數目也是為我們的存在而設。因為根據重力法則，只有在三維空間中才可能有穩定的橢圓軌道，雖然在其他維度中正圓形軌道也有可能，但是正如牛頓所擔心這種軌道並不穩定。如果不是三維空間，縱使是

微小的擾動（如其他行星的引力）也會讓行星脫離圓形軌道，因而靠近太陽或遠離太陽，讓我們烤焦或凍死。另一方面，如果空間維度超過三個，兩個物體之間的重力作用會比原先減少得更快。距離為兩倍時，在三維空間重力作用將會減少為四分之一，在四維空間會減少為八分之一，在五維空間將減少為十六分之一，依此類推。結果在超過三個維度時，太陽內部的壓力會無法與重力的拉力產生平衡，使得太陽無法保持穩定的狀態，可能會炸得粉碎或崩塌而形成黑洞，不管如何都會毀了我們舒服的生活。在原子尺度上，電作用力的情況和重力相同，也就是原子的電子會逃離或墜入原子核內，無論如何現在所謂的原子都不可能存在了。

　　因此，支持智慧觀察者的複合體出現的條件可謂非常脆弱。自然法則必須創造出極端精細巧妙的系統，而且物理法則絲毫不能變動，否則將會毀掉生命發展的機會。要不是在物理法則上發生一連串天衣無縫的驚人巧合，人類等生命形態似乎將永遠無法存在。

　　其中最令人印象深刻的巧合，是愛因斯坦廣義相對論方程

式中出現的宇宙常數。前面提過，當愛因斯坦在 1915 年提出廣義相對論時，他相信宇宙處於靜止，既不擴張也未收縮。可是因為所有物質都會互相吸引，於是愛因斯坦在理論中引進一種新的反重力作用，以對抗宇宙會自我崩潰的傾向。這種作用力和其他作用力不同，它不是來自物質而是存在於時空本身的結構中，而宇宙常數正是用來描述此作用力的強度。

當科學界發現宇宙並非靜止時，愛因斯坦將宇宙常數從理論中除去，並稱它為自己一生中最大的錯誤。但是在 1998 年從對遙遠超新星的觀察顯示，宇宙正以加速度擴張，顯然太空中應該有某種斥力在運作，於是宇宙常數又重出江湖了。既然現在知道宇宙常數的值不是零，那問題還在：為什麼宇宙常數有這個值呢？物理學家的理論指宇宙常數可能是由量子力學的效應造成，但是計算出來的值，卻比實際觀察超新星得到的值強 10^{120} 倍。這代表若不是計算背後依據的理由錯誤，便是另有某種作用力存在，神奇地抵消絕大部分計算出來的數值，只留下難以想像的一點點。可以確定的是，如果宇宙常數的值比現在更大，那麼宇宙早就先爆開了，星系根本沒有機會形成，

同樣地生命也不可能出現。

　　這些巧合對我們有什麼好處呢？基本物理法則具有正確形式和正確本質的幸運，與在環境因素上發現的幸運並不屬於同類。法則上的幸運不容易解釋，具有更深奧的物理和哲學涵義。這個宇宙和法則似乎是為了支持人類存在而量身打造的設計，如果我們要存在，絲毫沒有改變的空間。這真的不容易解釋，也讓人很自然地想問為何會如此。

　　許多人將諸多巧合視為上帝創造萬物的證據。幾千年以來，宇宙是為人類存在而經神明設計的想法，見諸於神話與神學中。例如，在馬雅古經文《議書》（*Popol Vuh*）中，神宣布道：「創造萬物將無功無勞，除非有感覺意識的人類存在為止。」西元前 2000 年有段埃及的文字寫道：「人是上帝牧的牛，凡事皆受妥善照顧。為了人，太陽神創設了天與地。」中國古代道家學者列子（約 400 BC），也藉由一則故事的主角傳達這層想法，說道：「天之於民厚矣！殖五穀，生魚鳥，以為之用。」

　　在西方文化中，舊約在創世紀的故事中也傳達了天地經由

設計的想法，但是傳統的基督教文化也深受亞里斯多德的影響，他相信「有智慧的自然世界，根據某種深思熟慮的設計而運作。」中古時期基督教神學家阿奎那也運用亞里斯多德有關自然秩序的想法，做為支持上帝存在的論證。18 世紀時，另一名基督教神學家更為極端，他說兔子長白尾巴是為了讓人類容易射中。另一個比較新近的基督教觀點例子，是幾年前維也納的樞機主教蕭恩邦（Christoph Schönborn）寫道：「在 21 世紀之初的現在，新達爾文主義和宇宙學中多重宇宙假設等科學訴求，皆為逃避現代科學中發現自然具有目的與設計等壓倒性證據而發明。對此，天主教會將再度捍衛人類本質，強調自然內在的設計本質實乃千真萬確。」這位紅衣主教所指宇宙學中發現自然具有目的與設計的壓倒性證據，正是上文談到物理法則之精巧微妙。

科學史上不再以人類為中心的宇宙觀，其轉捩點正是哥白尼提出的太陽系模型，讓地球不再居於宇宙的中心位置。諷刺的是，哥白尼自己的世界觀是神人同形同性論，他甚至安慰我們說，雖然提出了以太陽為中心的模型，但是地球**幾乎**位在宇

宙中心：「雖然〔地球〕不在世界的中心，然而其〔相距中心的〕距離與其他恆星距離相較，幾乎不算一回事。」不過隨著望遠鏡的發明，17 世紀觀察發現地球不是唯一有衛星環繞的行星，讓人類在宇宙中未居優勢地位的主張更加重要。接下來幾百年中，隨著對宇宙的觀察益多，地球愈看愈像是一顆普通的行星而已。但是，最近發現自然法則的許多精巧極致之處，至少讓某些人重拾以前的想法，認為這種偉大的設計應該是某位偉大設計者的傑作。在美國，因為憲法禁止學校上宗教課，於是將這類想法改稱為「智慧設計」。雖然沒有明說，但實際指的設計者就是上帝。

　　然而，這不是現代科學的答案。第五章中指出，我們的宇宙只是眾多宇宙中的一個，每個宇宙都有不同的法則。多重宇宙的想法不是發明來解釋巧妙無比的奇蹟，而是無邊界條件與現代宇宙學其他許多理論的結果。但如果這是真的，那麼強人擇原理在實質上等同於弱人擇原理，讓物理法則的精細巧妙與環境因素居於同等地位，因為那意味著我們所在的宇宙（也就是整個可見宇宙）只是眾多宇宙之一，正如同我們的太陽系只

是眾多太陽系之一而已。因為有數十億的太陽系存在，使我們的太陽系在環境上的諸多巧合顯得沒有那麼不可思議；同樣地多重宇宙的存在，也使自然法則之精深巧妙可以理解。長久以來，許多人將大自然之美麗複雜歸功於上帝的傑作，那是因為過去沒有足夠的科學解釋。但正如達爾文和華萊士所指出，彷彿是神奇設計的生命形態，其實無需造物主涉入便能發生；同樣地利用多重宇宙的概念，也可解釋科學法則之深奧巧妙，並不需要一尊仁慈的造物主，為民厚生而創造宇宙。

愛因斯坦曾經對助手施特勞斯（Ernst Straus）提出一個問題：「當上帝創造宇宙時，祂有任何選擇嗎？」在 16 世紀晚期，克卜勒相信上帝是根據一些完美的數學原則創造宇宙。牛頓則揭示，運用在天體上的法則同樣也適用於地球上，並且發展出數學方程式來表述法則，而那些法則是如此優美，激起 18 世紀許多科學家有如宗教般的狂熱，企圖引用來凸顯上帝是數學家的信念。

自從牛頓以後（尤其是愛因斯坦以後），物理學的目標是發現克卜勒所想像的簡單數學原則，用這些數學原則創造統一

的萬物理論，用以解釋自然界中觀察到的物質與作用力各項細節。在 19 世紀末到 20 世紀初之間，馬克斯威爾和愛因斯坦將電、磁和光的理論統一。在 1970 年代出現標準模型，成為強作用力、弱核力和電磁力的單一理論。接下來，弦論和 M 理論問世，試圖將剩下的重力作用力納入。科學家的目標不只是要發現單一理論來解釋所有的作用力，同時也要解釋一些基本的參數，例如作用力強度以及基本粒子的質量和電荷。如愛因斯坦指出，他的目標在於有一天能夠找到自然界的建構法則，完全「根據明確的邏輯而擬定，而且在這些法則之內唯有合理並完全確定的常數才會出現（理論中不應出現可取任意數值而不會破壞理論的常數）。」然而一個單一獨特的理論，卻不太可能具有允許人類存在的那等精深巧妙的法則，但是有鑒於最新的科學進展，或許可以將愛因斯坦的夢想改為尋找一個可解釋所有宇宙的獨特理論，而這些宇宙各自含有不同法則。那麼，M 理論或許就是我們追尋的答案。但 M 理論是獨一無二的理論，或者背後還有更簡單合理的原則嗎？我們能否回答這個問題：**為什麼是 M 理論**？

8.

THE GRAND
DESIGN 大設計

本書已經提過，天體物體如日月星辰的運動有規律性，表示是受到固定法則支配，而不是由神鬼的喜怒哀樂操縱。起先，這類法則的存在只有在天文學（或昔日相差無幾的星相學）中出現，因為地面上的世事複雜難料並影響深遠，所以古代很難察覺各種現象背後是否有清楚的模式或支配的法則。然而，隨著別的領域也發現新的法則，最終出現了科學決定論的想法，指稱必定有一套完整的法則存在，只要給定某個時刻宇宙的狀態，便可以推算出宇宙日後的發展演進。這些法則應該無論何時何地都能成立，否則便不算是法則。另外，也不會有例外或奇蹟，無論是上帝或惡魔都無法介入宇宙的運行。

在科學決定論首度提出後，牛頓的運動定律和重力法則是人類唯一知道的法則。前面提過這些法則由愛因斯坦藉廣義相對論推廣所延伸，另外人們也發現宇宙其他方面的支配法則。

但是，自然法則告訴我們宇宙**如何**行為表現，卻沒有回答本書一開始提出的**為什麼**問題：

為什麼世上有東西而非空無一物？

我們為什麼存在？

為什麼宰制宇宙的是這套特定的法則而非其他法則？

有些人會宣稱，這些問題的答案是因為上帝選擇創造這樣的宇宙。問道「誰」或何物創造了宇宙很合理，但如果答案是上帝，那麼只是將問題轉向是誰創造了上帝而已。不過在這派觀點中，也同時提出某實體存在（即上帝本身）不需要創造者的說法，這種支持上帝存在的論證法，即稱為第一因論證。不過，本書主張有可能完全在科學範疇中回答這些問題，不需要訴諸神的存在。

根據第三章談到的模型相關真實論，大腦會製造外在世界的模型，然後根據模型詮釋感官輸入。我們會形成屋、樹、人等心智概念，可也形成有關電的心智概念，不論電是流通於插座、原子、分子和其他宇宙等等。這些心智觀念成為我們唯一知道的真實，如果沒有模型便無法檢驗真實，一定是先建構模型，才會創造出真實。有一個例子可幫助大家思考真實與創造的問題，那便是 1970 年由劍橋大學一名年輕的數學家康威

（John Conway）所發明的「生命遊戲」。

生命遊戲中的「遊戲」一詞會產生誤導，事實上其中沒有玩家也無輸贏。生命遊戲不是一種真的遊戲，而是支配二維宇宙的一套法則。這是決定論的宇宙：一旦設定開始的圖案（或初始條件），法則會決定未來的發展。

康威構想出一個像西洋棋盤的方格陣列世界，但是每個方向都可無限延伸。每個方格（細胞）有兩種可能的狀態：存活（以綠色表示），或死亡（以黑色表示）。每個方格有八個鄰居：上下左右與四個對角。在這個世界中時間並非連續，而是一步步往前。在設妥生存與死亡的方格後，每個方格接下來存活與否與鄰居的狀態有關，根據以下法則決定：

一、一個活的方格若有二或三個活的鄰居，則會繼續存活（活著）。

二、一個死的方格若有三個活的鄰居，則會變成一個活的方格（誕生）。

三、在其他情況中方格會死亡或繼續維持死亡的狀態。若

一個原本活著的方格沒有活的鄰居或只有一個活的鄰居，則會因寂寞而死；若鄰居超過三個，則會因過度擁擠而死。

這就是全部的規則，只要給定任何起始狀態，這些法則會產生一代又一代的圖案。一個孤立的活方格或兩個相鄰的活方格會在下一代死亡，因為沒有足夠的鄰居。三個對角的活方格會存活久一點，在第一步之後兩端的方格會死亡，只剩中間的方格存活，而這個方格又在下一代死亡，任何排成對角線的方格會以這種方式「蒸發」。但如果三個活著的方格是為一橫排，中間有兩個鄰居的方格會在兩端方格死亡時繼續存活，且上下方格會出生，使得原來的橫排變成直排。以此類推，下一代的直排又會變成橫排，這種變動的圖形成為「閃爍者」。

如果三個活的方格排成 L 形，會出現新的行為。在下一代，被 L 形圍起來的方格會出生，產生二×二的方塊。這種方塊稱為「恆存者」的模式，因為會代代相傳不改變。許多種模式在剛開始幾代都會發生變形，但很快變成恆存的狀態，或死

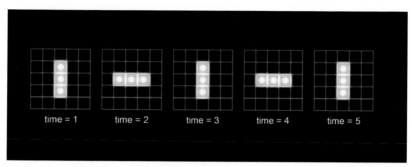

閃爍者　閃爍者是生命遊戲中一種簡單的複合體。

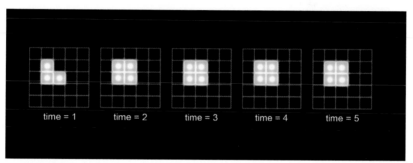

演化成恆存者　生命遊戲中有些複合體會演化成一種形式，根據法則將永遠不會發生改變。

亡，或周而復始重來一次。

　　也有稱爲「滑翔者」的模式，先變成其他形狀，經過幾代之後又回復原先的形式，但是位置會沿著對角線往下一格。若觀察滑翔者的演變，可發現圖形似乎沿著陣列爬行。當滑翔者相撞時，會發生有趣的行爲，視每個滑翔者在相撞那一刻的形狀而定。

　　這個宇宙有趣之處在於，雖然基本的「物理」很簡單，但

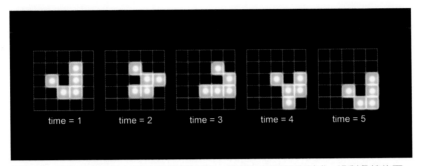

time = 1   time = 2   time = 3   time = 4   time = 5

滑翔者   滑翔者會經歷中間這些形狀的變化，然後回到最初的形式，沿對角線往下一格。

是「化學」可以非常複雜，因爲複合體存在不同的尺度。在最小的尺度上，基本物理只說有活的和死的方格。在較大的尺度上，則出現了滑翔者、閃爍者和恆存的方塊。在更大的尺度上，會出現像滑翔者槍等更複雜的物體：這些靜態模式會周而復始生出新的滑翔者，而滑翔者會離開母體沿著對角線移動。

　　如果觀察宇宙尺度的生命遊戲一段時間，可以推演出該尺度上支配物體的法則。例如，在物體只有幾個方格大小的尺度上，可能會推出「方塊從不移動」、「滑翔者沿對角線移動」，以及物體碰撞的變化等各種法則。所以，可以在任何尺度的複合體上創造出整個物理學，這些法則將會賦與原始法則中沒有的實體與概念，例如原本法則中就沒有「碰撞」或「移動」的概念，只有描述個別與靜態的方格生死。如同在我們的宇宙中，在生命遊戲裡「眞實」會視採用哪種模型而定。

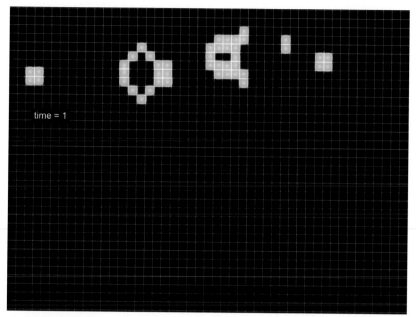

滑翔者槍的原始圖形　滑翔者槍大約比滑翔者大十倍。

　　康威和學生們創造這個世界，是因為想知道一個宇宙在這麼簡單的基本法則下，能否出現複雜到足以複製或生殖的物體。在生命遊戲的世界中僅憑遵循幾條簡單的法則，經過幾代之後存在的複合體能否繁衍自己的後代呢？結果，他們證明不僅這點有可能，甚至這種物體還可說是有智慧呢！正確地說，他們發現可以自我複製的巨大方格組合體成為「萬用杜林機」（universal Turing machine）。這裡的意思是指，在我們的世界中原則上任何電腦可以執行的計算，若也提供機器適當的輸入

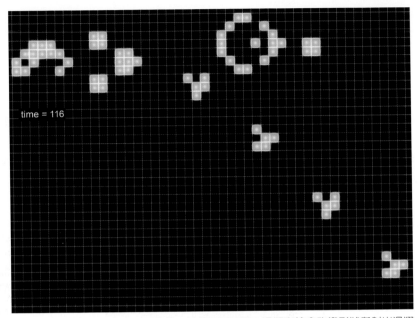

time = 116

經過一百一十六代之後的滑翔者槍　隨著時間演變，滑翔者槍會改變形狀與射出滑翔者，然後回到最初的形式與位置，無限次重複此過程。

（在生命遊戲的世界中相當於提供適當的初始圖案），那麼經過一些世代後，形成的圖案可做為機器輸出資料，可以判讀出等同電腦計算的結果。

　　為了解其運作方式，現在以滑翔者射向一個簡單的二×二活方塊為例。如果滑翔者以正確的方式接近，那麼原本處於靜止的方塊會朝向或遠離滑翔者的來源移動。在這種情況下，方塊可模擬電腦記憶，事實上現在電腦的所有基本功能，像是 AND 與 OR 都可以由滑翔者創造。在這種方式之下，一連串

滑翔者的功用等同於一部電腦的電子訊號，也可以傳送與處理資料。

在生命遊戲中如同在我們的世界中，會自我複製的圖案都是複合體。根據數學家馮諾曼（John von Neumann）之前的研究，估計在生命遊戲中能夠自我複製的模式其最小尺寸為十兆個方格，大約是人類一個細胞中的分子數目。

我們可以將生物定義成大小有限的複雜系統，穩定並可自我複製。上面談到的物體滿足複製的條件，但可能不穩定，外來的小擾動恐怕便會摧毀脆弱的機制。不過，不難想見稍加複雜的法則便可允許具備所有生命特質的複雜系統存在。現在想像在康威的世界中有這種實體物體存在，它會對環境的刺激有所回應，因此看似可以做決定。這種生命意識到自己的存在嗎？它有自我意識嗎？對於這個問題的看法，意見兩極。有些人宣稱意識為人類獨有，使人擁有自由意志，能夠選擇不同的行為反應。

如何判斷生物是否具有自由意志呢？如果遇到一個外星人，要怎麼知道它是機器人或擁有自己的心智呢？機器人的行

為完全被決定，不像有自由意志的生物，所以大致上可以從行為能否預測來判斷是否為機器人。但是第二章談到，若是物體又大又複雜，就會變得難以辦到，像我們甚至無法完全解出三個粒子以上的交互作用方程式呢！因為一個人類大小的外星機器人含有的粒子便高達千兆兆個，因此將全部方程式解開並預測其行為是不可能之事，所以我們必須假定任何複雜物體具有自由意志。這不是一種基本特質，而是基於等效理論，承認我們無法做計算來預測其行為所致。

康威的生命遊戲例子顯示，即使是一組非常簡單的法則，也能產生類似智慧生命的複雜特徵。一定有許多組法則具有這種特性，為什麼有一組法則雀屏中選，成為我們宇宙的基本法則（非外觀法則）呢？如同在康威的宇宙中，只要給定任何時間點的狀態，我們宇宙的法則便會決定系統的演進。在康威的世界中我們是創造者，在遊戲開始時決定物體與其位置，選擇了那個宇宙的初始狀態。

在實際的宇宙中，類似生命遊戲中滑翔體的物體是獨立的物質物體。任何一套要描述我們這樣一個連續世界的法則，將

會有能量的概念，而能量是一個守恆量，不會隨時間改變。眞空的能量將會是一個常數，與時間和位置無關。對於任意物體，我們可以減掉與其同體積的恆定的眞空能量，或者乾脆把這個常數設爲零。任何自然法則必須滿足的要求，是令一個由眞空包圍的獨立物體具有正能量，代表必須做功才能創造這物體。這是因爲如果獨立物體具有負能量，則物體的負能量可以被運動造成的正能量完全抵消。如此一來，物體會隨時隨地憑空出現，只要它在運動即可，這會造成眞空的不穩定。但是如果需要能量才能創造獨立的物體，就不會發生這類的不穩定，因爲前面說過宇宙的能量必須維持恆定，才能讓宇宙局部保持穩定，也才不會隨時隨地無中生有。

如果宇宙總能量隨時得保持爲零，而創造物體又要耗費能量，那麼整個宇宙如何無中生有呢？這就是爲何要有重力法則的原因了。因爲重力是吸引力，所以是負能量，必須做功才能將受重力作用的系統（如地球和月球）分開。這種負能量可以平衡創造物質所需的正能量，但並非那麼簡單。例如，相較於組成地球的物質粒子所擁有的正能量，地球的負重力能不到其

十億分之一。像恆星的物體將會有更大的負重力能，若愈小
（愈緊密）則負重力能會愈大。但是負重力能要大到超過物質
正能量之前，恆星會先崩塌成爲黑洞，而黑洞具有正能量，這
就是即便在重力作用下眞空仍是穩定的緣故。像恆星或黑洞的
物體無法無中生有。不過，一整個宇宙可以無中生有。

　　因爲重力會扭曲空間與時間，讓時空局部穩定但整體不穩
定。在整個宇宙的尺度上，物質的正能量會與重力的負能量平
衡，因此整個宇宙的創生並沒有限制。因爲有重力法則的存
在，宇宙能夠像第六章談到的方式自己從無創造而生。自發創
造正是爲何宇宙存在、爲何我們存在，以及爲何萬事萬物存在
而非空無一物的理由，完全不需要祈求上帝指引，啓動一切讓
宇宙運轉。

　　爲什麼基本法則是我們描述的這樣？終極理論必須貫通一
致，並且必須對於我們能夠測量的量値預測有限的結果。前面
看到一定要有重力的法則，在第五章也看到若要讓重力理論預
測有限的量値，必須讓自然作用力和受力物質之間具有超對稱
性。M 理論是具有超對稱性的重力理論最廣泛者，基於這些

理由，M 理論是完整宇宙理論的唯一候選理論。如果 M 理論是有限的（這點尚待證明），它將會成為自發創造的宇宙模型，而我們必定是包含在這個自發宇宙中的一部分，因為沒有其他一致的模型存在。

M 理論是愛因斯坦期盼發現的統一理論。我們人類本身是自然基本粒子的集合，如今快要完全了解支配我們與宇宙的法則，這真是一大成就。但是也許真正的奇蹟是，抽象的邏輯推理能夠產生一個獨特的理論，預測並描述這個充滿各種驚奇的廣大宇宙。如果 M 理論經觀察肯定，將會為三千年來人類追尋答案的歷程畫下成功句點，那我們就找到「大設計」了！

字彙

Alternative histories 多重歷史　量子理論的一種表述，每一項觀察的機率是由所有可能導致該觀察的歷史構成。

Anthropic principle 人擇原理　我們可以根據自身存在的事實為基礎，對物理外觀法則推導結論的想法。

Antimatter 反物質　每個物質粒子都有一個對應的反粒子，兩者相遇會彼此消滅，只留下能量。

Apparent laws 外觀法則　在這個宇宙中觀察到的自然法則，包括四種作用力法則，以及基本粒子的質量和電荷等參數。外觀法則與更基本的法則——M 理論形成對比，M 理論容許不同的宇宙有不同的法則。

Asymptotic freedom 漸近自由　強作用力的一種特性，距離愈近則作用愈弱。因此，雖然夸克受到強作用力而被限制在原子核內，但卻能自由運動，彷彿毫無受到作用力一般。

Atom **原子**　一般物質的基本單位，由原子核（由質子和中子構成）與周圍環繞的電子共同組成。

Baryon **重子**　由三個夸克組成的一種基本粒子，如質子或中子。

Big bang **大霹靂**　宇宙稠密、高溫的開始。大霹靂理論主張大約在一百三十七億年前，今天所見的宇宙只有幾公釐寬而已。現在的宇宙廣袤寒冷，但是能夠從太空中廣布的宇宙背景輻射觀察到早期宇宙的殘留。

Black hole **黑洞**　時空中的一個區域，由於受到巨大的重力作用，所以與宇宙其他部分隔絕。

Boson **玻色子**　一種傳達作用力的基本粒子。

Bottom-up approach **由下而上法**　宇宙學的一種研究方法，假設宇宙具有一個單一歷史，以一個明確的起點而演變成現今的狀態。

Classical physics **古典物理學**　假定宇宙具有一個明確歷史的物理學理論。

Cosmological constant **宇宙常數**　愛因斯坦在方程式中放進的一個參數，讓時空具有擴張的特性。

Electromagnetic force **電磁力**　在自然界四種作用力中第二強的作用力，在帶電粒子間作用。

Electron **電子**　一種物質的基本粒子，帶有負電荷，造成元素的化學特性。

Fermion **費米子**　一種基本的物質粒子。

Galaxy **星系**　由星球、星際物質和暗能量受重力而組成的系統。

Gravity **重力**　在自然界四種作用力中最弱的作用力，是具有質量的物體彼此吸引的方式。

Heisenberg uncertainty principle **海森堡測不準原理**　此量子理論法則指某些成對的物理特性永遠無法同時精確得知。

Meson **介子**　由夸克和反夸克組成的一種基本粒子。

M- theory **M 理論**　這項基本的物理學理論是萬物理論的候選理論。

Multiverse **多重宇宙**　眾多的宇宙。

Neutrino **微中子**　一種極輕的基本粒子，只受弱核力和重力作用。

Neutron **中子**　一種電中性的重子，與質子形成原子核。

No-boundary condition **無邊界條件**　宇宙歷史是沒有邊界的封閉表面之邊界條件。

Phase **相位**　在波週期中的位置。

Photon **光子**　會傳達電磁力的一種玻色子；光的量子粒子。

Probability amplitude **機率振幅**　量子理論中一個複數值，其絕對值平方可得出機率。

Proton **質子**　一種帶正電的重子，與中子形成原子核。

Quantum theory **量子理論**　這種理論指物體不具單獨與明確的歷史。

Quark **夸克**　一種帶有少許電荷並受強作用力的基本粒子，質子和中子各由三個夸克組成。

Renormalization **重正化**　用來解決量子理論中出現無限大問題的數學技巧。

Singularity **奇異點**　時空中物理量變成無限大的一點。

Space-time **時空**　任何一點需要同時限定其空間座標與時間座標的一種數學空間。

String theory **弦論**　此物理理論將粒子描述成有長度但沒有高

度或寬度的振動模式，彷彿是無限細長的弦。

Strong nuclear force **強核力**　在四種自然作用力中最強的一種
　作用力。強核力結合原子核內部的質子和中子，也可讓質子
　和中子自身結合，因爲它們是由更小的夸克粒子組成。

Supergravity **超重力論**　此重力理論具有超對稱的對稱特性。

Supersymmetry **超對稱**　一種微妙的對稱，與日常空間中的轉
　換無關。超對稱的重要涵義之一是作用力粒子和物質粒子，
　即作用力和物質，其實只是一體兩面而已。

Top-down approach **由上而下法**　宇宙學中從現在回推宇宙歷
　史的方法。

Weak nuclear force **弱核力**　四種自然作用力之一。弱作用力與
　放射有關，在恆星元素與早期宇宙的形成上扮演重要角色。

誌謝

　　宇宙有設計，一本書也有設計。但是兩者也有不同之處，一本書不會自然無中生有，需要一個創造者，而這個角色不單單由作家扮演。因此，首先我們最想要感謝的是編輯 Beth Rashbaum 和 Ann Harris，謝謝她們接近無窮的耐性。當我們需要學生時，她們是學生；當我們需要老師時，她們是老師；當我們需要刺激時，刺激便來了。她們埋首於手稿中，不管是討論標點符號的位置，或是為何不可能在平空間中鑲嵌一個軸對稱的負曲面，永遠精神昂揚。我們也謝謝 Mark Hillery，他好心看過許多手稿，並且提供寶貴的意見；感謝 Carole Lowen-stein，對本書內頁設計著力甚大；感謝 David Stevenson 指導完成封面；感謝 Loren Noveck 細心校對，免得一些不該有的錯別字付印。非常感謝 Peter Bollinger，以插畫為科學增添了藝術氣息，並且相當認真地確認所有細節。我們也感謝經紀人 Al Zuckerman 和 Susan Ginsburg 的支持和鼓勵，他們老是說兩

句話:「已經該寫完了吧!」、「別擔心何時完成,總是會寫完的」,而他們太聰明了,總是知道何時該說哪句話。最後,我們要感謝史蒂芬的個人助理 Judith Croasdell,以及電腦助手 Sam Blackburn 與 Joan Godwin。他們不僅給予精神支持,也提供實際技術上的幫助,否則我們不可能完成此書。更棒的是,他們總是知道哪裡有最好的酒吧!

國家圖書館出版品預行編目資料

大設計／史蒂芬‧霍金Stephen Hawking、
雷納曼羅迪諾Leonard Mlodinow 著；
郭兆林、周念榮 譯.
-- 初版.-- 臺北市：大塊文化，2011.03
面； 公分.-- (from ; 70)
譯自：The grand design
ISBN 978-986-213-243-2 (平裝)

1.統一場論　2.數理物理　3.通俗作品

331.42　　　　　　　　100002284

LOCUS

LOCUS

LOCUS

LOCUS